プラスチック成形技能検定

公開試験問題の解説 第23版

（平成27・28・29・30年度出題全問題とその解答および解説）

射出成形1・2級

第23版の発行について

　プラスチック成形職種の技能検定も、昭和43年度に発足してよりはや40年以上を経過した。

　この職種についても他の職種と同様に、これまでに何回か改訂が行われ、現在は射出成形、圧縮成形、インフレーション成形及びブロー成形の4作業より構成されている。この4作業のなかでも、射出成形は毎年試験を実施する県が増えるとともに、受験者数も増加しており、おかげで、プラスチック成形職種は約130を越える技能検定職種の中でもいまなお花形的な職種となっている。

　技能検定の学科試験問題は全職種ともこれまでは非公開が原則とされており、プラスチック成形職種についても、この職種がスタートしたはじめの数年間に、ごく一部分が公開されているだけであった。

　しかし、**労働省（現厚生労働省）の方針によって、平成3年度より毎年全問題が公開されること**となった。これを受けて、当全日本プラスチック製品工業連合会では、中央職業能力開発協会に要請して、平成3、4、5年度、平成6、7、8年度、平成9～14年度、平成15～18年度、平成17～20年度、平成19～22年度、平成21～24年度、平成23～26年度、平成25～28年度、平成27～30年度実施の試験問題をこの問題集に転載することについてご承認をいただいた。

　この問題集では、平成27～30年度実施の射出成形の全問題を収録するとともに、これに解答と詳細な解説を付したが、最近のSI単位の普及状況に配慮して、今回はこれら問題のうち、工学計算を伴うものについては、特にSI単位による計算の解説を追加した。

　以上のような次第であるので、この問題集はいままでより一層受験者各位のお役にたてるものと信じられるので、よき参考書としてご利用いただければ誠に幸いである。

　令和元年5月

編　集　者

目　次

Ⅰ．技能検定（学科試験）受検要領………………………………………………… 7

Ⅱ．平成27・28・29・30年度プラスチック成形技能検定
　　学科試験問題（原文）および解答・解説
　　平成27年度1級プラスチック成形学科試験問題（射出成形作業）……… 19
　　平成27年度2級プラスチック成形学科試験問題（射出成形作業）……… 47
　　平成28年度1級プラスチック成形学科試験問題（射出成形作業）……… 71
　　平成28年度2級プラスチック成形学科試験問題（射出成形作業）……… 97
　　平成29年度1級プラスチック成形学科試験問題（射出成形作業）……… 119
　　平成29年度2級プラスチック成形学科試験問題（射出成形作業）……… 147
　　平成30年度1級プラスチック成形学科試験問題（射出成形作業）……… 171
　　平成30年度2級プラスチック成形学科試験問題（射出成形作業）……… 201

Ⅰ. 技能検定（学科試験）受検要領

受験要領については下記書より転載

中央技能検定協会発行（平12.8.1）
技能検定試験問題例題集

この試験問題の転載については、中央職業能力開発協会
の承諾を得ています。　　　　　　　　　　禁無断転載

編纂・執筆者名簿
(令和元年5月現在)

編　纂
全日本プラスチック製品工業連合会

解　説
本　間　精　一　　本間技術士事務所所長　技術士

技能検定（学科試験）受検要領

はじめに

　技能検定は、労働者の有する技能を一定の基準によって検定し、これを公証する技能の国家検定制度であって、労働者が自らの努力と経験によって身につけた、技能と知識を検定するものであります。

　技能士を目指す人びとが異口同音にいわれることは、実技試験はどうにか自信があるが、学科試験は全然駄目で自信がないということであります。これは今までにどんな問題が出題されたか一般の受験者に知られていなかったし、また、学科試験問題の出題の範囲、その程度（難易）、出題方式などについても、受験者の方々が必ずしも十分に知っていなかったことなどによるものと考えられます。

　このたび、この学科試験問題の例題集を発行するにあたって、受験者として知っておくほうがよいと思われることについて紹介して勉強の参考に供することにします。

1.「技能検定試験の基準及びその細目」について

　技能検定試験を受検する人がまず最初に心掛けるべきことは、試験問題の範囲、その程度（難易）、出題方法などを知ることです。すでに、ご承知のことと思いますが、技能検定制度は、あくまでも技能者の持っている技能とその技能の裏付けとなっている知識とを級別に判定して、これを公証しようとするものですから、その試験の実施内容、判定の基準というものは、全国的に統一され、かつ公正に行われねばなりません。このための基準として、各技能検定職種ごとに「技能検定試験の基準及びその細目」が学科試験および実技試験ごとに定められ、それぞれの試験の程度と範囲を示しているのです。

　なお、試験の基準および細目について注意しておかなければならないことは、生産技術の進歩、生産方式の変革あるいは技能水準の向上に伴って、技能士に要求される技能と知識の内容が変化すれば、当然、この基準および細目も逐次改訂される場合もあるということです。

昭和48年5月の職業訓練法施行規則の改正によって、検定職種の再編成が行われました。その目的は改正前の検定職種のたてかたが、技能者が従事している職場の実態に応じて検定を行いやすいように相当細分化されていました。従って、職種によってはその名称が一般に理解され難いものもあり、また類似的あるいは共通する技能が、職種が違うことによって別箇の技能と見られたり、技能評価の面での共通性が失われるおそれも見受けられました。

　そこで新しい検定職種だてとしては、技能の内容、機械工具、材料、製品等が共通する所があるもの、類似するものはなるべく一つの技能検定職種に包括したものに改正されました。

　しかし、職種名は包括して再編成を行っても実際に実技試験を行う場合には、使用機械、設備、作業法等、作業現場の実態から見て実技試験では選択制度をとることにしています。

　学科試験についても職種全般に共通する部分と選択実技にそれぞれ対応する部分とを組み合わせて試験が行われるようになっているものもあり、また実技で選択制をとっていても学科は職種一本にまとめて行うものもあります。

　これらは各検定職種によって違うので、自分が受けたい職種についての、「技能検定試験の基準及びその細目」をあらかじめよく調べておくのがよいでしょう。

2．学科試験問題の構成

　学科試験の内容には、次項に説明するような「真偽法」による問題と「多肢択一法」による問題との2種類あって、平成20年度の場合では、真偽法によるものが25題、多肢択一法によるものが25題、計50題が出題されております。試験時間は1時間40分です。それぞれの出題数や試験時間などは今後変更されるかも知れませんがおおむねこの要領で行われるものと思います。

　また、答案用紙はマークシート方式になっています。

3．真偽法（A群）による試験問題

　現在行われている技能検定の学科試験のうち、真偽法という客観的テストは、また、正誤法（あるいは○×法）ともいわれている方法で、問題文を読んでみてその問題文が正しいか、誤っているかを判断し、正しいと判断した

場合には、答案用紙の解答欄の正を、誤っていると判断した場合には、誤の方をマークします。なお、正しいか誤っているかわからない場合は、なにも印をつけないことになっています。

4．多肢択一法（B群）による試験問題

多肢択一法（B群）は、一つの命題について数個（3～5個）示される選択肢のうちから、正答（正解）と思うものを一つだけ選んで解答する方法です。平成20年度のプラスチック成形技能検定試験では、1級・2級とも4肢択一法が採用され、各級とも、それぞれA群25題、B群25題、計50問が出題されました。

5．技能検定学科試験についての注意事項

技能検定の学科試験は、真偽法と多肢択一法と二本立てで行なわれている。
答案用紙は、コンピュータで処理されるので、注意事項をよく読んで記入することが大事である。
注意すべき事項は、次の通りである。
(1) 答案用紙は、すべてコンピュータで採点します。記入および解答については十分注意してください。
(2) 試験問題は、ページ数と問題数を確認してください。もし異常があったら黙って手をあげてください。
(3) 記入の方法は、次のとおりです。
　① 必ずHBの鉛筆を使って、職種名（職種番号）、作業名（作業番号）、級別、受検番号、氏名を間違え無いように、正確に記入してください。
　② 次にマークシートの職種番号、作業番号、級別、受検区分、番号欄に、枠からはみ出さないようにマークしてください。
　③ もし間違えてマークした場合は、消しゴムできれいに消して、マークし直してください。
(4) 試験時間は、1時間40分です。
(5) 解答の方法は次のとおりです。
　① 解答は必ず答案用紙に記入してください。マークするとき試験問題の番号と答案用紙の番号を間違わないよう確認してください。

② 真偽法は、問題文をよく読んでその問題文が正しいか誤っているかを判断してマークしてください。
　③ 多肢択一法は、設問をよく読んで解答は選択した記号をマークしてください。
(6) 得点は、正答の数の合計となります。誤答の減点はありません。
(7) 試験中質問があるときは、黙って手をあげてください。ただし試験問題の内容に関する質問にはお答えできません。
(8) 制限時間前に解答が出来上がった人は、黙って手をあげて、係員の指示に従ってください。
(9) 試験終了の合図があったら、筆記用具をおき、係員の指示に従ってください。
(10) 試験中に手洗に行きたいときは、黙って手をあげて、係員の指示に従ってください。

表　学科試験答案用紙の例

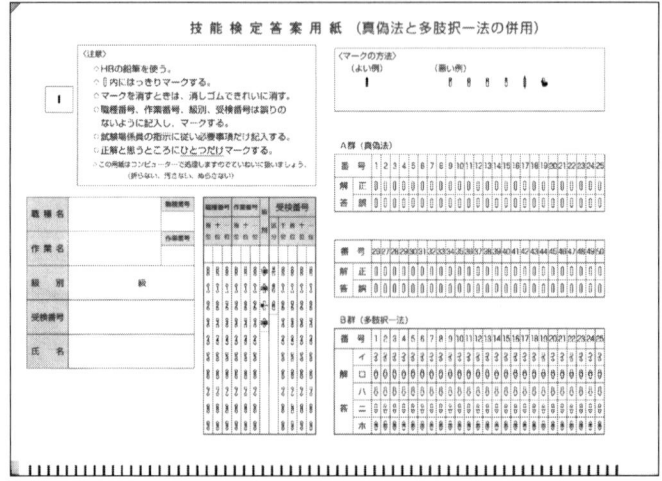

[出題例（4肢択一法）]

問題1．下記のプラスチックのうち、結晶性プラスチックはどれか。
　　　イ．ポリカーボネート
　　　ロ．ポリスチレン
　　　ハ．ポリエチレン
　　　ニ．メタクリル樹脂

正答　ハ

問題2．次のうち、一般に使用されているホッパーローダーの使用目的はどれか。
　　　イ．成形材料の予備乾燥
　　　ロ．成形材料の空気輸送
　　　ハ．成形材料の秤量
　　　ニ．再生材料（リプロ）の振い分け

正答　ロ

問題3．次の記述の下線で示す部分のうち、誤っているものはどれか。
　　　「ポリスチレンは、優れた透明性を有し、自由に着色ができ、表面
　　　　　　　　　　　イ　　　　　　　　ロ
　　　硬度が高く、耐衝撃性に優れた汎用プラスチックである」。
　　　　ハ　　　　　ニ

正答　ニ

問題4．次の金型用鋼材のうち、機械構造用炭素鋼とよばれるものはどれか。
　　　イ．S50C
　　　ロ．SKD11
　　　ハ．SS41
　　　ニ．SK 3

正答　イ

11

問題5．射出圧力のプログラム制御の特徴として、次のうち、誤っているものはどれか
　　イ．成形品のヒケ発生を防ぐ
　　ロ．成形品の寸法精度を向上する
　　ハ．成形品のフローマーク発生を防ぐ
　　ニ．成形品のバリ発生を防ぐ

正答　ハ

6．学科試験に対する勉強法

　技能検定の学科試験問題の程度は、各検定職種ごとに定められている作業を遂行するのに必要な正しい判断力を求められるものであって、平素、生産現場において正しい判断のもとに正しい作業を行っている人にとっては、特に勉強しなくても解答しうるようなものといわれていますが、学科の試験基準をみても出題範囲が広く、過去に一通り勉強した人も忘れていた箇所や正しく知識として身につけていない箇所もあることですので、この機会に、もう一度勉強する必要があり、種々の知識を正しく体系的に整理することが、合格への道です。

　では、具体的にどんな書物を参考書として選んだらよいかということになるわけですが、まず、基本書としては、皆さんが職業訓練や職業教育をうけた時に使用した教科書または教材が適していると思います。特に、この例題集は、これまでに出題された技能検定の学科試験問題を中心として編集してありますから、受験者の学習用としては最も適した参考書であると考えられます。要は、自分で選んだ書物を徹底的にマスターすれば技能検定の学科は合格できるはずです。

　次に、参考書の読み方ですが、過去の合格者が推奨する方法は、まず、なにがなんでも3回はよく読むことです。この場合、判らない箇所や疑問のあるところは、サブノートをしたり、自分で重要だと思われるところはアンダーラインを引くなどし、サブノートをしたところは先輩に尋ねるなり、友人同

志で研究するなりして解決しておくことです。大切なことは、毎日々々、10ページでも15ページでもよいから、かかさず連続して勉強することです。日常の作業中に気付いたことも、必ず、参考書を開いて、正確な知識を整理し、貯えておくことも必要と思います。また、苦手な科目も、ほっておかずに全科目にわたって、まんべんなく勉強することです。

　なお、技能検定の学科について、下記の図書は前項で説明した検定基準にもとづいて作成されておりますので、この試験問題解説集とともに精読すると、十分な効果を上げることが出来るものと思います。それぞれの地区のプラスチック工業会（協会）で入手できると思います。

　　　全日本プラスチック製品工業連合会監修
　　　　「プラスチック成形技能検定の解説　射出成形／圧縮成形１、２級編」
　　　　　　　　　　　　　　　　　　　　　　　　　㈱三光出版社発行

Ⅱ. 平成27・28・29・30年度プラスチック成形技能検定 学科試験問題（原文）および解答・解説

射出成形作業
1級学科試験問題および解答・解説
2級学科試験問題および解答・解説

本編では学科試験の出題問題を各年度、級別に全文を掲載したもので、学習される方の便宜を図り同一および類似問題についても、それぞれの解説を付記した。

この試験問題の転載については、中央職業能力開発協会の承諾を得ています。　　　　　禁無断転載

平成27年度技能検定
1級プラスチック成形学科試験問題
（射出成形作業）

この試験問題の転載については、中央職業能力開発協会の承諾を得ています。　　　　禁無断転載

A群（真偽法）

1 押出成形法では、熱硬化性樹脂をフィルム状に成形することはできない。

 正

解説

　本問題に提示された熱硬化性樹脂は、一般に採用されている熱可塑性樹脂の押出成形法のように、加熱シリンダで可塑化溶融状態にしてTダイなどを利用してフィルム状に押出し、冷却固化して成形品を生産することはできない。

注) 熱硬化性樹脂の押出成形としては、変性フェノール樹脂によるパイプ状成形品はあるが、フィルム状の成形品は生産されていない。

2 PEは、一般に、低温時における衝撃は、PPより優れる。

 正

解説

　この二つの材料は、結晶性プラスチックの代表格で比重が小さく（0.92〜0.95）、機械的性質も、電気的性質も安定しており、物性も類似している。日用品雑貨を始め、多くの分野に使用されている消費量の多い材料である。大きく異なる点は、ポリエチレンは、耐寒性が良好である反面、ポリプロピレンはあまり良くないことである。

3 材質と長さが同じ太い電線と細い電線に、電流値が同じ電流を一定時間流した場合、発生する熱量は、細い電線の方が小さい。

 誤

解説

　抵抗Rは、$R = \rho$（導電率）$\times L$（電線の長さ）$\div S$（断面積）で表される。
∴細い電線の方が抵抗値は大きい。
　熱量Wは、$W = R \times I \times I \times t$で表され、抵抗値に比例する。
　　I：電流、t：時間
　従って、細い電線の方が発生する熱量が大きい。

4 特性要因図とは、ある特性と原因（要因）との関係を体系化して図に示したものである。

 正

特性要因図とは、
　　特性＝仕事の結果表れてくるもの
　　原因＝その特性に対して影響を与えるもの
を系統的に表わしたものである。
　別名魚の骨とも呼ばれている。図は射出成形における一例である。

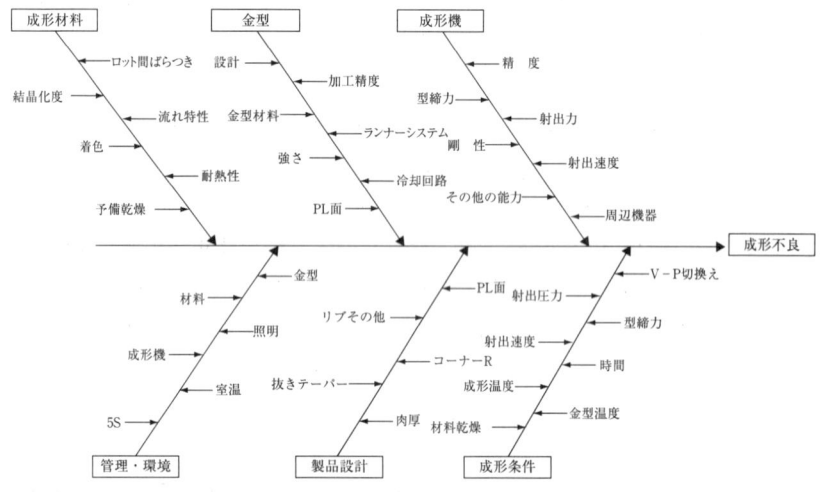

射出不良発生の特性要因図

5 労働安全衛生法関係法令によれば、2m以上の高さの箇所で作業を行う場合において墜落の危険があるときは、墜落を防止するための作業床等の設備を設けなければならない。

 正

　労働安全衛生法関係法令(第518条)では「事業者は、高さ2m以上の箇所(作業床の端、開口部などを除く) で作業を行う場合においては労働者に危険を及ぼすおそれのあるときは、足場を組み立てる等の方法により作業床を設け

なければならない。また、作業床を設けることが困難なときは、防網を張り、労働者に安全帯を使用させる等墜落による労働者の危険を防止するための措置を講じなければならない」と定められている。

6 プリプラ式射出成形における計量及び射出は、プランジャで行われる。

 正

解説

　プリプラ式射出成形機はプランジャまたはスクリュで可塑化した樹脂をプランジャに送り計量したのちに射出する方式である。図にスクリュで可塑化してプランジャに送り射出するスクリュプリプラ式射出成形機の例を示す。

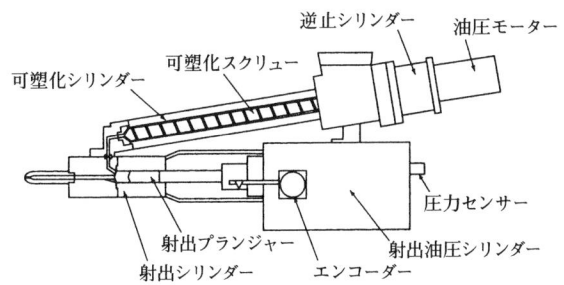

7 ガラス繊維入りPBTを下図のように矢印の方向から充填させて成形品を作った場合、一般に、A方向の収縮率は、B方向の収縮率よりも大きくなる。

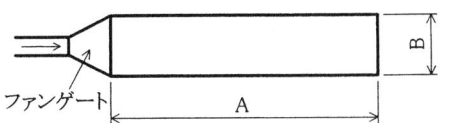

 誤

解説

　一般に、ガラス繊維入りPBTのように繊維状の充填剤が配合されている成形材料の場合、ゲートの形状、寸法、位置によって、成形材料の配向が考えられ、流れ方向の収縮率はその直角方向の収縮率に比較して小さい。

本問題の図に提示された形状、寸法の成形品に長手方向の一端から、ファンゲートで射出成形した場合には、この傾向が顕著に現われ、A方向の収縮率はB方向の収縮率より小さくなる。

8 熱可塑性ポリエステルは、吸湿により加水分解をおこし、強度が低下するので、乾燥には充分注意しなければならない。

 正

解説
熱可塑性ポリエステルは分子鎖にエステル結合を有するため、予備乾燥が不充分であると水分によって加水分解し分子量が低下する。その結果強度が低下する。一般的に熱可塑性ポリエステルが成形時に加水分解しない限界吸水率は0.015％〜0.02％である。

9 ポリカーボネート成形品に発生する次の不良項目の中で、機械的強度に影響がないのは(3)である。
　(1)　ウェルドマーク
　(2)　銀条
　(3)　ボイド（気泡）

 誤

解説
(1)　ウェルドマークの発生している個所は機械的強度の低下は大きい。
(2)　銀条が発生していると加水分解による強度低下または気泡（バブル）個所の応力集中によって強度低下することがある。
(3)　ボイド（気泡）は応力集中源になるので、強度低下することがある。
従って、(3)ボイド（気泡）は機械的強度に影響するので誤りである。

10 バラバフは、荒仕上げ、中仕上げ、鏡面仕上げなどにより平滑で光沢のある面をつくる仕上げバフである。

 正

解説
バラバフとは、主としてネル地布を数十枚重ねあわせたもので、荒バフ、

綿バフと異なり常態では、一定形状を示さずバラの状態である。バフ研磨機で回転させると柔らかい円盤状になるものである。その作業工程は、荒仕上げ、中仕上げを行い、最終では鏡面仕上げバフにより平滑で光沢のある面をつくりだすものである。

11 成形品の寸法測定を行う場合は、一般に、成形品を室温25℃の場所に1時間放置してから測定する。

 誤

解説

　JIS K7100によれば、試験片の状態調節の雰囲気は23℃、相対湿度50%と規定されている。放置時間は樹脂によって異なるが、一般的には、24hr～48hr以上放置することが望ましい。寸法測定もこの基準に準拠すべきである。

12 50kg用タンブラーで顔料を混合する場合、原料を入れてから約10～15分混合すればよい。

 正

解説

　本題に示された50kg用タンブラーで顔料を混合する場合、この回転混合で被混合物が同一箇所に留まることなく、できるだけ広範囲に動き回る状態でなければならない。従って、1回の仕込量はタンブラーの容量の60%以下であることが望ましく、回転数は30～40回／分で混合時間は10～20分程度である。

13 アニーリングとは、射出成形時に発生するストレスクラッキングの原因となる残留応力の除去などを目的として行うものである。

 正

解説

　アニーリングは成形品を熱処理することによって残留応力を緩和する方法である。
　残留応力が大きいとストレスクラックが発生することがあるので、成形時に発生した残留応力を低減する目的でアニーリングが行われる。

14 体積が同じ場合、低密度PEで105gの成形品は、PA6では100gとなる。

解答 誤

解説

低密度PEおよびPA6の密度は次の通りである。

　　　　密度（g/cm³）
低密度PE　　0.92
PA6　　　　1.14

低密度PEで105gの成形品をPA6にした場合の質量をxとすると。
105g：x ＝ 0.92：1.14
x ＝ 105 × (1.14 ÷ 0.92)
　＝ 130g

15 成形機の電子コントローラーは、一年に一度メガーテスト（絶縁抵抗試験）を行う必要がある。

解答 誤

解説

メガーテスト（絶縁試験）は、主としてモータなどの動力回路の絶縁性をチェックするために1年毎の点検が推奨されている。このテストでは、制御系の回路は切り離して行う。したがって電子コントローラーは絶縁テストの対象とならない。

16 油圧駆動と電動駆動を組み合わせた射出成形機は、ハイブリッド式射出成形機と呼ばれる。

解答 正

解説

射出装置か型締装置のいずれか片方を電動駆動に、他の片方を油圧駆動にした射出成形機をハイブリッド射出成形機という。ハイブリッド式は油圧と電動の長所をくみあわせて、機能上すぐれた成形機というのが特徴である。射出側を油圧駆動に、型締側を電動駆動に採用しているものが多い。

17 電動式射出成形機には、保守点検が比較的簡単で大容量化が可能な AC サーボモータが多用されている。

 正

解説

電動式射出成形機は大容量の AC サーボモータを用い、スクリュ回転はサーボモータの回転を歯車減速機またはベルトによって駆動させ、射出や型開閉動作はボールねじにより回転運動を直進運動に変換する駆動方法をとっている。全体の操作は、コンピュータで電子制御する方式であり、油圧式射出成形機に比較して保守点検は簡単である。

18 次の機器とその機能の組合せは、いずれも正しい。

　　　　【機器】　　　　　　　　【機能】
(1)　ホッパローダ　　　　　材料の自動供給
(2)　ベント式射出装置　　　成形加工中に発生するガスの除去
(3)　重量式落下確認装置　　金型の安全確認

 正

解説

(1) ホッパローダは乾燥機などから成形機ホッパに材料を輸送する装置である。
(2) ベント式射出装置は可塑化時に溶融樹脂から発生するガス分をシリンダ途中から脱気する装置を有する成形機である。
(3) 重量式落下確認装置は離型時に成形品の重量を確認することで、金型の損傷を防止する装置である。

従って、(1)、(2)、(3)はすべて正しい。

19 日本工業規格 (JIS) によると、金型取り付けボルトは、射出成形機の型締力によって M12、M16、M20、M24 と範囲が定められている。

 正

解説

JIS B6701 のプラスチック射出成形機の金型関連寸法では、金型取付ボルトは JIS B1180 の M12、M16、M20 または M24 とし、金型取付ボルトと型

締力の関係は、次のように規定されている。

金型取付ボルト	型締力
M12	294kN 未満
M16	294kN 以上～ 2942kN 未満
M20	2942kN 以上～ 5884kN 未満
M24	5884kN 以上

20 金型キャビティ・コアの鋼材は、使用する成形材料の種類、総生産数や成形品の要求品質を考慮して、その選定をしなければならない。

解答　正

解説

量産過程では機械的摩耗、腐食摩耗などが起きるので成形材料の種類、総生産数や成形品の要求品質を考慮して、金型キャビティ・コアの鋼材を選定しなければならない。

例えば、金型部品に使用される代表的な鋼材には次のものがある。

金型部品名	代表的な鋼材	硬さ
キャビティおよびコア	プリハードン鋼	30～43 HRC
スライドコア コアピン類	SKH51 SKD11、SKD61	55～63 HRC
取付け板 受け板 スペーサブロック エジェクタプレート ストリッパプレート	SS400 又は S50C、S55C	20～35 HS
エジェクタピン スプルーロックピン	SKH51、SKD61	60±2 HRC
リターンピン ガイドピン ガイドブシュ アンギュラピン	SUJ2、SKD61	55HRC 以上
ロケートリング	S45C、S50C	20～35 HS
スプルーブシュ	SKD61	50±5 HRC

注：HS ショア硬度、HRC ロックウェル硬度（C スケール）

（本間精一編、プラスチック成形技能検定の解説、p.125、三光出版社（2014）

21 電解めっきされる樹脂は、主にABS樹脂である。

解答 正

解説
　ABS樹脂成形品表面層のブタジエンゴムをエッチング処理するとアンカー穴を形成できるので、電気めっきに適した樹脂である。めっき用樹脂としてはABS樹脂が最も多く使用されている。

22 インサート金具とプラスチックとは熱膨張係数が異なるため、インサート周辺にクラックが生じることがある。

解答 正

解説
　樹脂の線膨張係数は金具（鉄、銅合金）より5〜6倍大きい。樹脂と金具の線膨張係数差があるためインサート金具周りに残留応力が発生する。この残留応力が大きいとインサート金具周辺にクラックが発生することがある。

23 塩化ビニル樹脂の接着剤にメチルエチルケトン（MEK）を使用した場合は、クレージングが発生する。

解答 誤

解説
　本題は、塩化ビニル樹脂成形品同士の接着にMEKを用いる場合と考える。
　PVCは、耐薬品性はよいが、非晶性プラスチックなので有機溶剤には弱い。ケトン類にも膨潤し、溶解もする。従って接着は可能だが注意を要する。ドープセメント（この場合は、MEKの中にPVCの適量を溶解させたもの）にしたもので接着するとクレージングを発生させずに接着できる。

24 (1)〜(3)は、プラスチックの熱的性質の測定方法として、いずれも日本工業規格（JIS）に規定されている。
　(1)　荷重たわみ温度
　(2)　ビカット軟化温度
　(3)　ぜい化温度

解答 正

解説

下記の規格に定められている。

  (1)　荷重たわみ温度：JIS K7191

  (2)　ビカット軟化温度：JIS K7206

  (3)　ぜい化温度：JIS K7216

25 原動機の定格出力が 10 kW までのエアコンプレッサは、振動規制関係法令の特定施設として適用を受けない。

解答　誤

解説

空気圧縮機の原動機の定格出力が 7.5 kW 以上あると、騒音規制法の特定施設として適用を受ける。

B群（多肢択一法）

1 非強化ポリスルホン（PSU）の成形条件として、適切でないものはどれか。
　　イ　樹脂温度は、330〜390℃必要である。
　　ロ　乾燥は、除湿式ホッパドライヤでは135〜165℃で3〜4時間が必要である。
　　ハ　水分による加水分解を考慮する必要がある。
　　ニ　パージ材として、PCを使用するとよい。

 ハ

解説

　PSUは、スーパーエンプラで、高温度成形樹脂である。樹脂温度は設問の範囲で行えばよい。ただし、この温度を超えると樹脂は炭化する。吸湿性は高いので予備乾燥は十分行わなければならない。設問条件は少なくとも必要である。不十分の場合は、成形品表面にシルバーストリークが発生するが樹脂そのものは加水分解しないので、再利用は可能である。パージ材は、専用のパージ材使用のほか、PCも使われている。

　従って、適切でないのはハである。

2 射出圧力の算出として正しいものは、次のうちどれか。ただし、射出圧力をP、油圧をP_0、射出ラム断面積をA、スクリュー断面積をA_0とする。
　　イ　$P = P_0 \times A_0 / A$
　　ロ　$P = A \times A_0 / P_0$
　　ハ　$P = P_0 \times A / A_0$
　　ニ　$P = A \times A_0 \times P_0$

 ハ

解説

　油圧P_0で射出ラム面積Aの場合は、射出力（W_1）は（$P_0 \times A$）である。一方、射出圧力Pでスクリュー断面積A_0の場合は、射出力（W_2）は（$P \times A_0$）である。ここで、W_1とW_2は等しくなければならないから

　　$P_0 \times A = P \times A_0$

従って

$$P = P_0 \times A / A_0$$

である。

ハが正解である。

3 成形材料の予備乾燥に関する記述として、誤っているものはどれか。

 イ 乾燥により成形条件の冷却時間が短くなる。
 ロ 乾燥不足の場合、鼻タレ、ばり、オーバーパックの原因になる。
 ハ 微量の水分も嫌うPET、PBT、PCには、除湿熱風乾燥機が適している。
 ニ PE、PPで着色剤を含んだものは、乾燥した方がよい。

 イ

解説

イ 乾燥することで冷却時間は短くはならない。
ロ 一般的に乾燥が不足すると溶融粘度が低下するので、鼻タレ、ばり、オーバーパックの原因になる。
ハ 通常の通気式乾燥機では環境空気中の湿度の影響を受けるので、微量の水分も嫌うPET、PBT、PCには、除湿熱風乾燥機が適している。
ニ PE、PPは吸水率が低いので、通常は予備乾燥の必要はないが、着色剤を含んだものは吸湿していることもあるので乾燥した方がよい。

従って、誤っているのはイである。

4 最も材料替えが困難な材料の組合せはどれか。

 イ 白色ABS樹脂 → 黒色ABS樹脂
 ロ 透明PMMA → 白色PC
 ハ 黒色PA → 透明PC
 ニ 白色PP → 黒色PP

 ハ

解説

材料替えでは、淡色から濃色へ、透明から不透明へ、高粘度から低粘度へ色替えするのが原則である。また、黒色PAから透明PCへの色替えは、濃色から淡色への色替え、PCの分解などの点で困難である。

従って、材料替えが困難な組み合わせはハである。

5 成形品の焼けや、黒条の不良対策として、適切なものはどれか。
　　イ　スクリュー回転数を上げる。
　　ロ　射出圧力を下げる。
　　ハ　射出速度を上げる。
　　ニ　シリンダ温度を上げる。

　ロ

|解説|

成形品の焼けや、黒条などの原因としてはシリンダ内の熱分解、エアの巻き込み、型内の断熱圧縮などが関係する。
　イ　スクリュー回転数を上げるとせん断熱による熱分解が起きる。
　ロ　<u>射出圧力を上げると断熱圧縮による焼けが起きやすい。</u>
　ハ　射出速度を上げると断熱圧縮による焼けが起きやすい。
　ニ　シリンダ温度を上げると熱分解しやすくなる。
従って、ロの「射出圧力を下げる」が適切である。

6 箱型の射出成形品がキャビティに残るのを防ぐため、成形条件の変更として正しいものはどれか。
　　イ　金型温度を高くする。
　　ロ　射出時間を長くする。
　　ハ　冷却時間を長くする。
　　ニ　保圧を高くする。

　ハ

|解説|

型開き時に箱型の射出成形品がキャビティに残るのを防ぐには、冷却時間を長くして収縮させてコア（可動型）に成形品を密着させことが必要である。
イ、ロ、ニの成形条件の変更ではキャビティに残りやすくなる。従って、正しいのはハである。

7 文中の（　　　）内に入る語句として、適切なものはどれか。

同質プラスチックを接着する場合、（　　　）は溶剤接着が不可能である。
- イ　ABS樹脂
- ロ　PC
- ハ　PMMA
- ニ　POM

 ニ

解説

POMは結晶性プラスチックであり、適切な溶剤がないので溶剤接着は不可能である。ABS樹脂、PC、PMMAは非晶性プラスチックであり、溶剤接着が可能である。

8 測定器に関する記述として、正しいものはどれか。
- イ　外径に抜きテーパのあるケースの高さは、投影機で測定するとよい。
- ロ　段差のある穴のピッチは、三次元測定機で測定するとよい。
- ハ　エラストマーでできたリングの外径は、ノギスで測定するとよい。
- ニ　軸受けの内径は、ブロックゲージで測定するよい。

 ロ

解説

- イ．投影機は被測定物をターンテーブルの上にのせ、光学的に10倍、15倍と大きく写しだして測定するもので、複雑な形状の成形品や精度のきびしいものの測定には便利である。しかし、10倍、20倍というように拡大して読むため、あまり大きな成形品の測定はできず、局部的測定とか、小物で精度の高いものの測定に用いられる。
- ロ．測定テーブルの上に被測定物をのせ、測定点検出器をX軸、Y軸、Z軸方向へ移動することで、二次元、三次元の座標、寸法、形状などの測定を行う。

　　目的の段差のある穴のピッチは、三次元測定器で測定できる。
- ハ．エラストマーでできたリングの外径を、ノギスで測定すると、測定時の外力で、安定した計測値が得られない。
- ニ．ブロックゲージは寸法測定の基準ゲージとして、工作機械の検査など

にも利用されているもので本来、測定機として使用されることは少ない。
本題に提示された項目で、正しいものは、ロの段差のある穴のピッチは三次元測定器で測定するとよい。である。

9 成形材料の着色に関する記述として、誤っているものはどれか。
　　イ　透明着色品には、染料が使われる。
　　ロ　着色剤の分散が最も優れているのは、ドライカラーリング法である。
　　ハ　顔料は、不透明な成形品の着色に用いられる。
　　ニ　ABS樹脂の着色には、マスターバッチ法がよく使われる。

 ロ

解説
　イ　透明着色品には、染料が使われる。
　ロ　着色剤の分散はドライカラーリング法より着色ペレットを用いるほうが優れている。
　ハ　顔料は、不透明な成形品の着色に用いられる。
　ニ　ABS樹脂の着色には、マスターバッチ法がよく使われる。
　従って、誤っているのはロである。

10 1個100gの成形品を3,500個成形したところ、80個の不良品が出た。これに要した材料は400kgであった。この場合の不良率と歩留まり率の組合せとして、正しいものはどれか。なお、各計算値は、小数点以下第2位を切り捨て、小数点以下第1位まで表示した。

　　　　【不良率】【歩留り率】
　　イ　　1.2%　　78.3%
　　ロ　　2.0%　　80.0%
　　ハ　　2.2%　　85.5%
　　ニ　　4.2%　　86.3%

 ハ

解説
　不良率は次式で表される。
　　不良率（%）=（不良品の総数 ÷ 成形総数）× 100

ここで
不良品総数 = 80 個
成形総数 = 3,500 個
従って、
不良率（%）=（80 個 ÷ 3,500 個）× 100
= 2.2%
一方、歩留まり率は次式で表される。
歩留まり率（%）=（製品の総質量 ÷ 材料の総投入質量）× 100
ここで
材料の総投入質量 = 400kg
製品の総質量 =（3,500 個 － 80 個）× 100g
= 342,000 g（342kg）
従って、
歩留まり率（%）=（342kg ÷ 400kg）× 100
= 85.5%
従って、正解はハである。

11 射出成形機のスクリューと逆流防止弁が摩耗している場合に発生する現象として、誤っているものはどれか。
　イ　混練不足による色むらが発生する。
　ロ　可塑化（計量）時間が短くなる。
　ハ　材料によっては、焼けが発生する。
　ニ　ウェルドマークが発生しやすい。

　ロ

解説

本題に提示された射出成形機のスクリューが摩耗している場合には、スクリューの溝部の容積および容積変化が不確定になるため、ホッパより投入された成形材料を効率よく均一に混練をして、スクリューの前頭部に送り出して正確に計量されないようになる。そして混練不足になり、色むらやウェルドマークが発生する。
また、スクリューが著しく摩耗していると、射出の際、バックフローが多

くなるので、加熱シリンダ中での材料の滞留時間が長くなって、成形品にやけや黒条の発生することがある。

従って、本題に提示された射出成形機のスクリューが摩耗している場合に発生する現象として、誤っているものは、ロの可塑化（計量）時間が短くなるである。

12 下記に示す材料とスクリューヘッドの組合せのうち、誤っているものはどれか。

	【材料】	【スクリューヘッド】
イ	PA	ストレート形スクリューヘッド
ロ	硬質 PVC	ストレート形スクリューヘッド
ハ	PP	逆流防止弁付きスクリューヘッド
ニ	ABS 樹脂	逆流防止弁付きスクリューヘッド

解答　イ

解説

イ　PA は溶融粘度が低いため射出時に逆流しやすいので逆流防止付スクリューヘッドが適している。

ロ　硬質 PVC は滞留すると熱分解しやすいのでストレート型スクリューヘッドが適している。

ハ、ニ　PP や ABS 樹脂は逆流防止弁付きスクリューヘッドが適している。

従って、誤っているのは（イ）である。

13 油圧配管に関する記述として、適切でないものはどれか。
　　イ　油圧装置に使用される管には、鋼管及びゴムホースがある。
　　ロ　ゴムホースは、その柔軟性を利用して移動する装置に接続する時に使用する。
　　ハ　ゴムホースの規格は、日本工業規格（JIS）に規定されている。
　　ニ　ゴムホースは、鋼管に比べ、圧力応答性がよい。

解答　ニ

解説

イとロは、全く設問の通りである。

ハ．JIS K6349－3　液圧用鋼線補強ゴムホース（ホースそのものの規格）
JIS B8360 液圧用ホースアセンブリ（口金用の規格）が相当する。
ニ．ゴムホースは鋼管に比べ弾力性があるため、圧力がかかった場合の伸びが大きい。そのため圧力上昇が遅れる。したがって圧力応答性は鋼管のほうが勝っている。

従って、本題の記述で適切でないものは、ニである。

14 成形品の良否判定の監視項目として、誤っているものはどれか。
イ　スクリュー最前進位置
ロ　型開停止位置
ハ　射出一次圧時間
ニ　計量時間

解答　ロ

解説
射出成形において成形品の良否の監視項目として、
イ．スクリュー最前進位置
　　溶融状態の成形材料が、一次射出圧によって金型キャビティに射出され、これを一次充填する段階
ロ．型開停止位置
　　射出→固化の成形工程が終了して型開きを行う。その時成形品の高さによって、合理的な型開きの停止位置を決めること。成形品の良否には関係しない。
ハ．射出一次圧時間
　　キャビティへ材料を射出する時間
ニ．計量時間
　　溶融材料の計量時間

従って、本題提示の成形品の良否判定の監視項目として、誤っているものは、ロの型開停止位置である。

15 文中の（　　）内に入る語句として正しいものはどれか。
　　射出工程において、圧力や速度の実際値の変化をフィードバックして、
　　射出するプロセスを（　　）制御という。
　　　イ　PID
　　　ロ　オープンループ
　　　ハ　シーケンス
　　　ニ　クローズドループ

解答 ニ

解説

　図のように、制御量を検出してフィードバックし、目標値との間に制御偏差が生じると、制御装置が訂正動作を行う制御方式をクローズドループ制御という。従って、正解はニである。

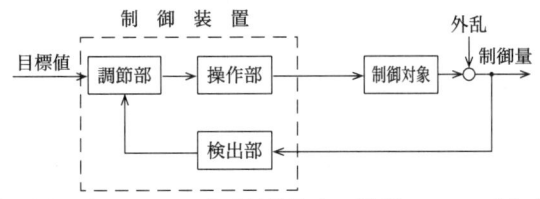

```
            制 御 装 置           外乱
    ┌─────────────────┐      ○ 制御量
目標値 →│ 調節部 → 操作部 │→ 制御対象 →│→
    │        ↑        │
    │      検出部 ←────┼────────┘
    └─────────────────┘
```

(出所、本間精一編、プラスチック成形技能検定の解説、p.62、三光出版社（2014））

16 文中の（　　）内に入る語句として、適切なものはどれか。
　　PAのように高温にすると変色しやすいペレットの乾燥によく使用されるのは、（　　）式のものである。
　　　イ　真空
　　　ロ　除湿
　　　ハ　赤外線
　　　ニ　熱風循環

解答 イ

解説

　PAのように高温では酸化変色しやすい樹脂の予備乾燥では、比較的低い温度で乾燥できる真空乾燥が適している。因みに、PA6の予備乾燥条件は、真空乾燥機を用いて80℃～100℃で3～4hrである。

17 金型構造に関する記述として、正しいものはどれか。

　イ　一般に、サブマリンゲート方式の金型は、3プレート構造である。
　ロ　ストリッパ突出し方式の金型では、サポートピラを用いる必要がない。
　ハ　ストリッパ突出し方式の金型では、スペーサブロックのない形式もある。
　ニ　ホットランナ方式の金型には、ランナストリッパが必要である。

(解答)　ハ

(解説)
　イ．サブマリンゲートは、トンネルゲートとも呼ばれている。一般に、金型分割面を斜めにもぐって、可動側型板（もしくは固定側型板）に設けられた円錐状のゲートで、2プレート構造である。
　ロ．サポートピラは、射出時における受け板のたわみを防ぐことを目的とするもので、可動側取付板と受け板の間に固定する円柱形のブロックである。突出し方式とは関係しない。
　ハ．スペーサーブロックは、突出し方式金型の場合には、基本的には必要である。ただし扁平の浅い製品では、X型吊り具で固定側からストリッパプレートを引っ張る形式のものもある。
　ニ．ホットランナー形式の金型におけるランナーシステムは、常に溶融状態にある。いわばノズルの延長の役目をしている。そして固定側取付板に断熱された形で固定されているので、ランナーストリッパーは不要である。

従って、本問題で正しいのはハとなる。

18 金型のエアベントの効果により防止可能な不良として、当てはまらないものはどれか。

　イ　ショートショット
　ロ　銀条
　ハ　焼け
　ニ　ジェッティング

(解答)　ニ

解説

エヤベントの設計が適切でないと、ガスに逃げが悪くなるので、流動先端のガス圧が高くなるため、ショートショットや断熱圧縮による銀条や焼けが発生する。ジェッティングはガスベントとは関係ない。従って、当てはまらないのはニである。

19 日本工業規格 (JIS) の「モールド用サポートピラ」に関する記述として、誤っているものはどれか。

　　イ　直径の寸法公差の幅は、全長の寸法公差よりも狭い。
　　ロ　サポートピラの表示は、規格名称、規格番号、種類又はその記号、外径及び長さを表示しなければならない。
　　ハ　形状は、A形及びB形の2種類がある。
　　ニ　外径寸法は、φ25～φ80までの6種類がある。

解答　イ

解説

JIS B5116 に「モールド用サポートピラ」が規定されている。これによれば、
イ　下表のように直径の寸法公差の幅は、全長の寸法公差よりも広い。

	直径の公差	全長の公差
A形	$\phi D_{-0.2}^{0}$	$L_{-0.05}^{+0.15}$
B形	$\phi D_{-0.2}^{0}$	$L_{-0.05}^{+0.15}$

ロ　サポートピラの表示は、規格名称、規格番号、種類または記号、外径及び長さを表示しなければならない。
ハ　形状は、上表のようにA形及びB形の2種類がある。
ニ　外径寸法は、φ25～φ80までの6種類がある。
従って、誤っているのはイである。

20 金型の保守管理に関する記述として、誤っているものはどれか。

　イ　金型を保管する場合、冷却水は充分にエア等でパージ除去しておくほうがよい。
　ロ　金型を保管する場合、一般にキャビティにグリースを充分塗布しておくことで最適な防錆処理ができる。
　ハ　成形終了後は、金型のPL面の汚れやバリのないことを確認し、キャビティとコアを閉じておくほうがよい。
　ニ　一般に、金型を保管する場合、防錆剤をしっかりキャビティ及びコアに塗布し、スプルーやPL面から汚れが入らないように配慮したほうがよい。

解答　ロ

解説

ロについて、グリースは水分を含んでいるので、金型の防錆処理に用いるのは不適切である。イ、ハ、ニはいずれも正しい保守管理である。

21 文中の（　　）内に入る語句として、適切なものはどれか。

　熱可塑性プラスックの衝撃強さはアイゾット衝撃値で表すが、最も高い値の材料は（　　）である。

　　イ　PC
　　ロ　PMMA
　　ハ　変性PPE
　　ニ　AS樹脂

解答　イ

解説

各プラスチックのアイゾット衝撃値（ノッチ付）次のとおりである。

　　　　　　衝撃値（J/m　ノッチ付き）
PC　　　　　　　700〜800
PMMA　　　　　　20〜100
変性PPE　　　　100〜300
AS樹脂　　　　　20〜60

22 プラスチックの特性に関する記述として、誤っているものはどれか。
　　イ　ポリアセタールは、摩擦摩耗性が優れている。
　　ロ　ポリカーボネートは、疲労強度が高い。
　　ハ　ポリアミドは、ガラス繊維で補強すると、荷重たわみ温度が向上する。
　　ニ　ポリフェニレンスルフィドは、耐薬品性が優れている。

【解答】　ロ

【解説】
　イ．ポリアセタールは、耐油性のある、摩擦摩耗特性の優れた、弾性のある結晶性プラスチックである。
　ロ．ポリカーボネートは、極めて衝撃に強い非晶性プラスチックであり、耐熱性も良く、120℃の温度に耐える特長を有している。しかし、耐アルカリ性及び耐溶剤性には欠陥があり、耐疲労性もあまりよくない。
　ハ．ポリアミドをガラス繊維で補強すると、荷重たわみ温度は著しく向上する。例えば、ナイロン6は非強化の場合は70℃前後だが、200℃くらいに、また、ナイロン66では、240℃くらいに向上する。
　ニ．ポリフェニレンスルフィドは、すぐれた耐熱性と耐薬品性、機械的特性をもち、難燃性のプラスチックである。
　従って、プラスチックの特性に関する記述として、誤っているものは、ロのポリカーボネートは、疲労強度が高いである。

23 日本工業規格（JIS）におけるポリエチレンの材料試験方法として、対象とならないものはどれか。
　　イ　MFR
　　ロ　引裂試験
　　ハ　引張試験
　　ニ　曲げ試験

【解答】　ロ

【解説】
　ポリエチレンなどの引裂試験は、フィルム、シートの試験法（JIS K7128）に規定されている。MFR、引張試験、曲げ試験はポリエチレンの材料試験

規格（JIS K6922）に規定されている。従って、材料試験方法の対象とならないのはロである。

24 製図に用いる直径の寸法表示方法として、正しいものはどれか。

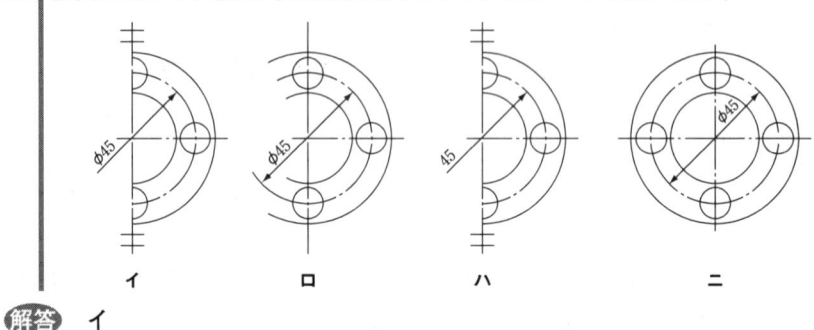

イ　　　　ロ　　　　ハ　　　　ニ

解答　イ

解説

　直径の寸法を円形の図に記入する場合には、寸法数値の前に直径の記号φを記入しない。従って、ロおよびニは誤である。

　ただし、図形の円形の一部を除き、寸法線の端末記号が片側の場合は寸法数値の前に直径の記号φを記入し、半径の寸法と誤らないようにする（イとハを比較して見よ）。

　従って、本題に提示の直径の寸法表示法として正しいものは、イである。

25 家庭用品品質表示法及び合成樹脂加工品品質表示規程において、表示規程の対象品目について、表示項目として規定されていないものはどれか。

	【表示項目】	【表示内容】
イ	表示項目	成分、性能、用途など
ロ	遵守事項	原料、温度、容量表示方法など
ハ	試験方法	材料、添加剤など
ニ	表示者	製造業者、販売業者など

解答　ハ

解説

　射出成形に関する家庭用品品質表示関係法令には基本である「家庭用品品質表示法」（昭和37.5.4 法104．改正平成11.12.22 法204）と「合成樹脂加

工品品質表示規程（平成 9.12.11 告示 671）がある。
　前者は、すべての家庭用品の品質に関する表示の適正化を図り、一般消費者の利益を確保することを目的として施行された。
　そしてその中には
　　　表示すべき事項として……成分、性能、用途その他品質に関する事項
　　　表示者として………………製造業者、販売業者または表示業者（前 2 業
　　　　　　　　　　　　　　　　者から委託受けて業務を行う業者）
が規定されている。
　後者には、合成樹脂加工品について、個々に表示遵守すべき下記事項が決められている。
　　　表示遵守事項として………原料樹脂の種類、耐熱温度、耐冷温度、容量
　　　　　　　　　　　　　　　　の表示、寸法の表示、取扱い上の注意
　いずれも試験方法に関しては、規定されていない。
　従って、規定されていないものは、ハの試験方法である。

平成27年度技能検定
2級プラスチック成形学科試験問題
（射出成形作業）

この試験問題の転載については、中央職業能力開発協会の承諾を得ています。　　　禁無断転載

A群（真偽法）

1 一般に、家庭用シャンプーのプラスチック容器は、ブロー成形で造られる。

解答 正

解説

シャンプー容器のようにびん形状の成形品は、下図のようにブロー成形法で成形される。

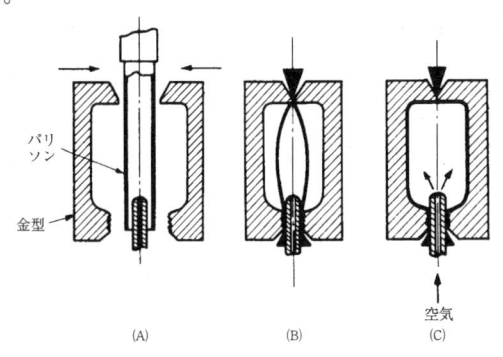

（図：バリソン、金型、空気　(A) (B) (C)）

2 熱可塑性樹脂は、一般に、熱硬化性樹脂よりも耐熱性に優れている。

解答 誤

解説

本問題に提示された内容とは相違し、熱硬化性樹脂は、加熱によって架橋化構造を構成するので、熱可塑性樹脂と比べて耐熱性が優れている。

3 300Wの電熱器と600Wの電熱器では、供給する電圧値が同じであれば、電熱器に流れる電流値は同じである。

解答 誤

解説

電力P（ワット）と電圧E（ボルト）、電流I（アンペア）の関係は次式で表される。

　　$P = E \cdot I$

従って、

　　$I = P / E$

47

になる。従って、電圧 E が同じであれば、電熱器の電力が 300W の場合に比較して 600W では電流値は 2 倍になる。

4 パレート図とは、項目別に層別して、出現度数の小さい順に棒グラフで示したものをいう。

解答 誤

解説
　パレート図は項目別に層別して、出現頻度の大きい順にならべて、累積和、累積百分率に示した図である。図のように、横軸に不良原因または不良項目を出現頻度の大きさの順に左から並べ、縦軸に不良品の度数、または、損失金額を棒グラフに示し、累積和を結んで折れ線で表したものである。

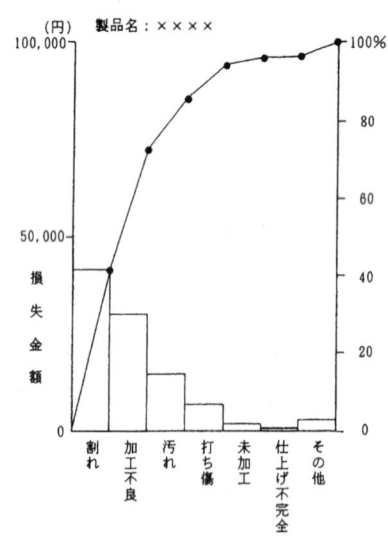

5 労働安全衛生法関係法令では、作業場の明るさ（照度）について、基準は定めていない。

解答 誤

解説
　労働者が常時就業する場所の作業面の照度基準として、労働安全衛生規則・事務所衛生基準通則に最低照度基準は下記のように定められている。

作業基準	基準
精密作業	300ルックス以上
普通作業	150ルックス以上
粗な作業	70ルックス以上

6 一般的に、電動式射出成形機は、型開閉、突出し、射出を各々のサーボモータを使って駆動させている。

【解答】 正

【解説】
　電動式射出成形機は、サーボモータの回転運動をボールねじによって直進運動に変換して型開閉、突出し、射出などの動作を行っている。

7 PC材は、予備乾燥条件により、加水分解をおこし衝撃強さが損なわれることがある。

【解答】 正

【解説】
　PCは予備乾燥条件が不適であると、シリンダ中で水分によって加水分解して分子量が低下する。分子量低下すると衝撃強さが損なわれることがある。加水分解が起こらない限界吸水率は0.02％であり、そのための予備乾燥条件は120℃、3～4hrが標準である。

8 熱可塑性樹脂成形材料の色替えで、材料ロスを少なくするには、一般に、パージの計量を少なめにし、射出速度を速くして何回も繰り返す工程を入れるのがよい。

【解答】 正

【解説】
　色替えは材料替えと共に、大切な成形技能の一つである。この巧拙が材料や時間の効率に影響を及ぼす。汎用成形機においては、スクリュ先端に逆流防止装置がついており、この部分の色替え・材料替えがキーとなる。そのためには、問題に提示されたように、計量を少なくし、射出速度を速くして摩擦抵抗を高くすることが、材料節約や時間短縮ができて効果的である。

9 熱可塑性プラスチックをドリル加工した場合、ドリル径に比べて小さい穴があくことに注意が必要である。

解答 正

解説
熱可塑性プラスチック成形品をドリル加工すると、ドリル加工穴面にはせん断熱や摩擦熱が発生する。発熱によって熱膨張したのち冷却すると収縮し穴径がドリル径より小さくなる傾向がある。

10 一般に、デジタル式ノギスはマイクロメータよりも、精度の高い測定を必要とする製品の寸法測定に適している。

解答 誤

解説
ノギスは一般寸法を測定するもので、測定範囲は広いが精度はマイクロメータには及ばない。デジタルノギスは、読取りは可能だが、最小値の信頼度は低い。
マイクロメータの測定範囲は25mmでせまいが、精密測定には適している。

11 マスターバッチ法とは、粉末状の着色剤をペレットにあらかじめ混合し、使用する着色方法のことである。

解答 誤

解説
マスターバッチ法とは、予め着色剤を高濃度に練り込んだマスターバッチペレット（MB）を作り、成形するときに自然色ペレットとMBを適切な比率で混合して着色品を作る方法である。粉末状の着色剤をペレットにあらかじめ混合し、使用する着色方法はドライカラーリング法である。

12 アニーリングの効果には、成形品の残留応力の緩和や、印刷後のクレージングの発生防止などがある。

解答 正

解説
アニーリングは成形品が変形しない程度の高温炉で処理することによっ

て、成形品の残留応力を緩和させる方法である。残留応力がある成形品を印刷すると、クレージングが発生することがあるので、アニーリング処理して残留応力を除去する方法が取られる。

13 下図の成形品の重さは、40gである。ただし、比重は、1.1、板厚tは、2mmとする。

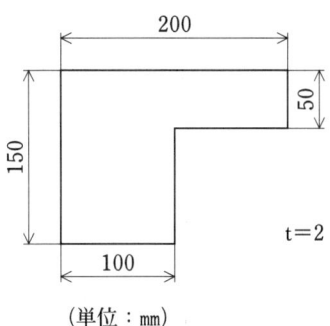

```
         200
    ┌──────────┐
    │          │ 50
    │      ┌───┘
150 │      │
    │      │    t=2
    └──────┘
      100
  (単位：mm)
```

解答 誤

解説

単位をcmにして成形品の体積を計算する。

体積 = [(20 × 15) − (10 × 10)] × 0.2
    = 40 cm³

従って、比重が1.1であるから重さは

40 × 1.1 = 44 g

となる。

14 型締力750kN、射出力150kN、スクリュー断面積10cm²の射出成形機は、成形品、スプルー、ランナー及びゲートの総投影面積が40cm²の成形が可能である。ただし、射出体積は、充分大きいものとする。

解答 正

解説

射出圧 = 射出力 ÷ スクリュー断面積
     = 150kN ÷ 10cm²

圧力損失は0とすると必要型締圧

必要型締圧 ＝ 射出圧 × 総投影面積
$$(150\,kN \div 10\,cm^2) \times 40\,cm^2 = 600\,kN$$
従って、型締力 750 kN の射出成形機で成形が可能である。

15 油圧モータは、供給流量を変えれば、回転速度を変えることができる。

解答 正

解説
油圧モータは、図のように油圧ポンプから圧油を送り込んで駆動する。油圧モータの回転数は油量に比例し、回転力は油圧に比例する。従って、供給流量を変えれば、回転速度を変えることができる。

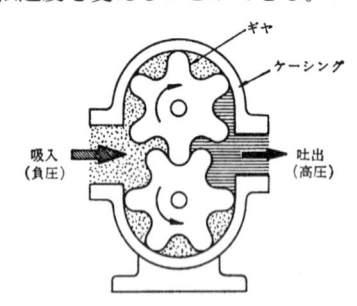

（ギヤ、ケーシング、吸入（負圧）、吐出（高圧））

16 周波数 50 ヘルツの電流で毎分 1000 回転する三相誘導電動機を、周波数 60 ヘルツの電源に接続した場合は、毎分 1500 回転となる。ただし、スリップは考えないものとする。

解答 誤

解説
一般に、周波数と回転数の関係式は
　　Ns ＝ 120 f／P　　である。
　　（Ns：回転数、f：周波数、P：極数）
三相なので（S・N 極がそれぞれにあるため）、極数は 3 × 2 ＝ 6 極。
　　60 ヘルツの回転数 ＝ 120 × 60 ÷ 6 ＝ 1200
よって、50Hz のときの回転数が 1,000 回転のとき、60Hz で使用すると回転数は、その 1.2 倍、1,200 回転となる。

17 保圧のプログラム制御は、成形品のひけ防止や寸法安定性の向上に効果がある。

解答 正

解説
保圧を調整することで、型内での収縮を制御できる。保圧時間中の適切なタイミングで保圧をプログラム制御することによって、ひけや寸法安定性を向上させることができる。

18 スプルーロックピンは、スプルーを固定側から離型させる役割をもっている。

解答 正

解説
本題に提示されたように、スプルーの下端にスプルーロックピンを設け、射出後冷却固化したスプルー部の材料を確実に固定型から引き抜く役割をさせる。

19 日本工業規格（JIS）では、リターンピンの呼び寸法を1mm～10mmに規定している。

解答 誤

解説
JIS B5104（モールド用リターンピン）では、呼び寸法は12mm～40mmについて規定している。

20 金型コアのスライドコア側は、かじりが発生しやすく、摺動部には、潤滑剤を適度に塗布しておいた方がよい。

解答 正

解説
金型のガイドピン、ガイドピンブッシュ、スライドコア、リターンピンなど常に摺動する部分には、かじり防止のための潤滑剤を塗布する。潤滑剤は耐熱性のものを使用し、過度にならないよう適量塗布する。

21 クラックの発生防止には、インサート金具を予備加熱する方がよい。

解答 正

解説
　樹脂の線膨張係数は金属の5～6倍大きい値である。そのため、インサート成形時には金具より樹脂の方が熱収縮は大きいので金具周囲に残留応力が発生する。残留応力が大きいと金具周囲から放射状にクラックが発生することがある。その対策の1つとしては、金具を予備加熱することで金具を熱膨張させてインサートすると残留応力を低減できるので、クラックの発生防止に効果がある。

22 MEK（メチルエチルケトン）は、ABS樹脂製品間の溶剤接着には使用できない。

解答 誤

解説
　ABS樹脂製品間の溶剤接着では、沸点が適当なメチルエチルケトンやアセトンのようなケトン類が一般に使用される。

23 成形材料の曲げ弾性率は、材料の曲がりにくさを表し、この値が小さいほど曲がりやすい。

解答 正

解説
　弾性率には、引張弾性率、曲げ弾性率、せん断弾性率、圧縮弾性率などがある。
　曲げ弾性率は、MPaまたはkg／㎟で表わしその値が大きいほど材料の曲がりにくさを示している。従って、この値が小さいほど曲がりやすい。

24 日本工業規格（JIS）によれば、直径を表す寸法補助記号「φ」は、「まる又はふぁい」である。

解答 正

解説
　JIS Z8317（寸法記入法）では、直径を表す寸法補助記号「φ」は、「まる」

となっている。

25 エアコンプレッサの原動機の定格出力が 7.5 kW 以上あると、騒音規制法の特定施設として適用を受ける。

解答 正

解説
　騒音規制法の適用を受ける施設として、「空気圧縮機及び送風機」があり、その対象は原動機の定格出力が 7.5 kW 以上に限るとされているので"正"である。
　勿論「合成樹脂射出成形機」も特定施設の適用を受けている。

B群（多肢択一法）

1 成形条件と品質に関する事項と組合わせとして、適切でないものはどれか。

	【成形条件】	【品質に関する事項】
イ	材料温度	ショートショット
ロ	保圧時間	ひけ
ハ	冷却時間	ウェルドマーク
ニ	V-P 切換え	オーバーパック

解答 ハ

解説

イ　材料温度が低いとショートショットになることがある

ロ　保圧時間がゲートシール時間より短いと、樹脂がランナー側に逆流してひけが発生することがある。

ハ　ウェルドマークは射出工程で生じるので、冷却時間には関係しない。

ニ　V-P 切換えタイミングが遅いと、型内に過剰な圧力が発生しオーバーパック（過充填）になる。

従って、適切でないものは（ハ）である。

2 成形品の残留応力に関する記述として、正しいものはどれか。

- イ　金型温度を高めると小さくなる。
- ロ　射出圧力を高くすると小さくなる。
- ハ　シリンダ温度を低めにすると小さくなる。
- ニ　冷却時間を短めにすると小さくなる。

解答 イ

解説

イ　金型温度を高めると、型内で応力緩和するので残留応力を小さくなる。

ロ　射出圧を高くすると残留応力は大きくなる。

ハ　シリンダ温度は残留応力には関係しない。

ニ　冷却時間を短くすると、突出し時に変形するので残留応力は大きくなる。

従って、正しいのはイである。

3 成形材料の色替えを比較的容易にできる組合わせはどれか。
　　イ　黒色 PS → 白色 ABS 樹脂
　　ロ　黒色 PC → 白色 PS
　　ハ　黒色 PA → 白色 PP
　　ニ　黒色 PA → 白色 PC

【解答】イ
【解説】
低粘度材料から高粘度材料に色替えする方が色替えは容易である。また、PA から PC への材料替えは PA によって PC が分解するので困難である。従って、イは低粘度の黒色 PS から白色 ABS 樹脂への色替えであるので比較的容易である。

4 銀条に対する一般的な対策として、誤っているものはどれか。
　　イ　ランナとゲートを大きくする。
　　ロ　射出速度を上げる。
　　ハ　スクリューの回転数を下げる。
　　ニ　スクリュー背圧を上げる。

【解答】ロ
【解説】
　イ　ランナおよびゲートのサイズを大きくすると、充填が容易になるので銀条は発生しにくい。
　ロ　射出速度を上げると、充填過程でエアを巻き込みやすいので銀条が発生することがある。
　ハ　スクリュー回転数を下げる方が、可塑化・計量時にエアを巻き込みにくいので、銀条は発生しにくい。
　ニ　スクリュー背圧を上げる方が、ノズル側からエアを吸い込みにくいので、銀条は発生しにくい。
従って、誤っているのはロである。

5 そり対策として、誤っているものはどれか。
　　イ　冷却時間を短くし、早く型から取り出す。
　　ロ　ゲートを大き目に、ゆっくり射出をする。
　　ハ　できるだけ、冷却を長くする。
　　ニ　金型温度を均一にする。

解答　イ

解説
　イについて冷却時間が短くて、材料が固化しない内に成形品を取り出すと、そりやすい。
　ロ、ハ、ニはそり対策として適切である。

6 曲面にも使用される印刷加工はどれか。
　　イ　スクリーン印刷
　　ロ　パッド印刷
　　ハ　オフセット印刷
　　ニ　ホットスタンピング

解答　ロ

解説
　図のように、パッド印刷はタンポ印刷とも呼ばれ、曲面印刷に適している。

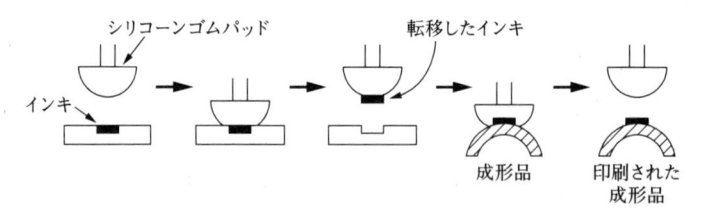

（図：シリコーンゴムパッド、転移したインキ、インキ、成形品、印刷された成形品）

7 成形品の寸法測定に関する記述として、誤っているものはどれか。
　　イ　内径は、ブロックゲージで測定するとよい。
　　ロ　外径の測定には、ノギス、マイクロメータなどを使用するとよい。
　　ハ　高さ測定には、ハイトゲージを使用するとよい。
　　ニ　隙間やそりを測定するには、シックネスゲージを使用するとよい。

解答　イ

解説
ブロックゲージは基準ゲージであり、内径の測定には適さない。ロ、ハ、ニは適切である。従って、イが誤っている。

8 1個30c㎡のABS樹脂（密度1.2g/c㎥）成形品を5,000個得るのに、材料を200kg使用した場合の歩留まり率として、正しいものはどれか。
　　イ　80.0％
　　ロ　85.0％
　　ハ　90.0％
　　ニ　95.0％

解答　ハ

解説
1個30c㎡のABS樹脂（密度1.2g/c㎥）成形品の重さは
30c㎡ × 1.2g/c㎥ ＝ 36g
歩留まり率（％）＝（製品の総質量 ÷ 材料の総質量）× 100
　　　　　　　 ＝（5,000 × 36g ÷ 200kg）× 100
　　　　　　　 ＝ 90.0％

9 スクリューに関する記述として、正しいものはどれか。
　　イ　スクリューは、ホッパ側から計量部、圧縮部、供給部の順になっている。
　　ロ　オーバーヒートによって熱劣化しやすい材料には、圧縮比の大きいスクリューが適している。
　　ハ　回転数が一定であれば、スクリュー径が大きくなるほど発熱量は小さくなる。
　　ニ　L/Dとは、スクリューのフライト部の長さをスクリューの直径で除したものをいう。

解答　ニ

解説
　イ　スクリューは、ホッパ側から供給部、圧縮部、計量部の順になっている。

ロ　圧縮比の大きいスクリューはせん断熱が発生しやすいので、熱劣化（熱分解）しやすい材料には不適である。

ハ　回転数が一定であれば、スクリュー直径が大きいほど周速が速いので、発熱量は大きくなる。

ニ　L/Dとは、スクリューフライト部の長さL（有効長）をスクリュー直径Dで除した値である。

従って、正しいのはニである。

10 次の記述中の（　　）内に入る語句として、誤っているものはどれか。

スクリュー式射出装置のスクリューには、（　　）機能がある。

　　イ　材料を均一に可塑化する
　　ロ　はなたれを防止する
　　ハ　溶融した樹脂を射出する
　　ニ　回転により材料を計量する

解答　ロ

解説

はなたれを防止するには、サックバックまたはバルブ付きノズルを用いる。スクリュはははなたれを防止する機能はない。従って、誤っているのはロである。

11 油圧装置において、回路圧力（最高圧力）を一定に保つために使用される制御弁はどれか。

　　イ　レデューシングバルブ
　　ロ　アンロードバルブ
　　ハ　リリーフバルブ
　　ニ　シーケンスバルブ

解答　ハ

解説

本題に提示された制御弁は、

　イ．レデューシングバルブ

　　油圧回路の一部が主回路の圧力より低い圧力を必要とするときに使用

する。
ロ．アンロードバルブ
　　アンロードバルブは、ポンプの全吐出量をほとんど大気圧に近い圧力でタンクにもどし、ポンプを無負荷にさせる働きをする。
ハ．リリーフバルブ
　　リリーフバルブは、回路の圧力をつねに一定に保つための圧力調整弁である。
ニ．シーケンスバルブ
　　シーケンスバルブは圧力により油の流れる方向を切換える場合に使用される。パイロット圧力が調整ねじによるスプリング設定圧力を越すと、主弁が上方に移動し、作動油は一次側から二次側に流れる。
本題に示された回路圧力を一定に保つために使用される制御弁は　ハ．リリーフバルブである。

12 電気機器の用途に関する記述として、誤っているものはどれか。
　　イ　スクリュー回転計は、材料の可塑化、溶融、計量の指針等の目安になっている。
　　ロ　リミットスイッチは、作動位置制御に用いられる。
　　ハ　自動温度制御には、ON-OFF 式が多く用いられる。
　　ニ　加熱シリンダに用いられるヒータは、バンドヒータである。

解答　ハ
解説
本題に示されたように、
イ）のスクリュー回転計は材料の可塑化能力に関係し、材料の可塑化、溶融、計量の指針等の目安の一つになっている。
ロ）のリミットスイッチは、作動位置制御に用いられている。
ハ）の自動温度制御には、ON－OFF（入－切）制御式、比例制御式、PID 制御式などがあり、現在の射出成形機には、PID 制御式が広く使用されている。
ニ）の加熱シリンダに用いられるヒータは、バンドヒータである。
従って、本題に提示された電気機器の用途に関する記述として、誤っている

ものは、ハの自動温度制御には、ON－OFF式が多く用いられているである。

13 電動式射出成形機において、型締機構（トグル式）の型締めおよび型開き位置を検出しているのはどれか。
　　イ　電流値
　　ロ　電圧値
　　ハ　エンコーダ
　　ニ　ロードセル

【解答】　ハ

【解説】
射出成形機の型締の位置検出には直接的には直線位置検出ができるリニアーエンコーダが使用されるのが一般的である。間接的にはモータ軸の回転を検出するエンコーダ（ロータリーエンコーダ）と、トグルリンクの形状の計算と組み合わせて算出可能である。電流や電圧はモータの速度、トルク（力）をコントロールする。ロードセルはあくまで荷重（力）測定用なので位置の検出はできない。従って、正解はハである。

14 射出成形機の周辺機器として、熱に関係のないものはどれか。
　　イ　ホッパローダ
　　ロ　ホッパドライヤ
　　ハ　金型温調機
　　ニ　箱型乾燥機

【解答】　イ

【解説】
イのホッパローダはホッパへ材料を輸送する装置であり、熱とは関係ない。ロ、ハ、ニはすべて熱を利用している。

15 成形材料の混練に使用される装置として、誤っているものはどれか。
　　イ　ニーダ
　　ロ　ミキサー
　　ハ　ブレンダー
　　ニ　ホッパーマグネット

(解答)　ニ
|解説|
　ニーダ、ミキサー、ブレンダーは混合または混練するための装置である。ホッパーマグネットは材料中の金属異物を除去する装置であり、混練には関係ない。

16 ゲートに関する記述として、正しいものはどれか。
　　イ　サイドゲートは、ゲート仕上げが必要ではない。
　　ロ　ディスクゲートは、ゲート仕上げが簡単である。
　　ハ　サブマリンゲートは、型開き時あるいは突出時にゲート部が自動切断される。
　　ニ　ダイレクトゲートは、圧力損失が大きい。

(解答)　ハ
|解説|
　サイドゲートやディスクゲートはゲート仕上げが必要である。ダイレトゲートの圧力損失は小さい。従って、正しいのはハである。

17 日本工業規格（JIS）の「プラスチック用金型のロッキングブロック」の使用目的に関する記述として、正しいものはどれか。
　　イ　金型が閉じている時は、スライドコアがしっかり固く保持され、射出圧力によってコアが後退することを防ぐ。
　　ロ　可動側型板と固定側型板の間隔を制限する引張りリンク。
　　ハ　金型の受け板と可動側取付板の間隔を保つブロック。
　　ニ　3プレート金型でランナーを離型し、保持するプレート。

(解答)　イ

|解説|

　図のように、ロッキングブロックは金型が閉じている時、スライドコアがしっかり固く保持され、射出圧力によってコアが後退することを防ぐ目的がある。

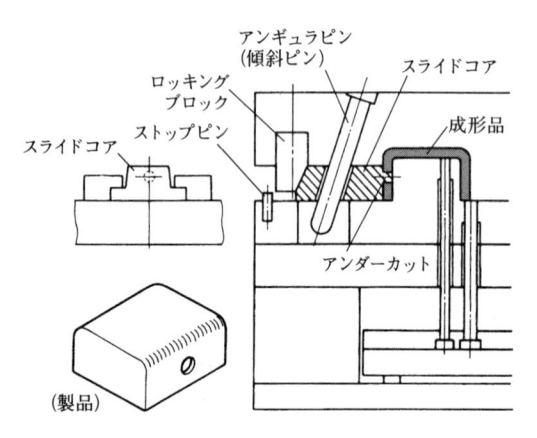

18 次の記述中の下線部のうち、誤っているものはどれか。

　　金型で使用される<u>リターンピン</u>、<u>エジェクタピン</u>、<u>ガイドピン</u>及び
　　　　　　　　　　　イ　　　　　　　ロ　　　　　　　ハ
　　<u>ランナーロックピン</u>は、日本工業規格（JIS）に規定されている。
　　　　ニ

|解答| 　ニ

|解説|

　各部品の JIS は次の通りである。

部品名	JIS
リターンピン	B5104
エジェクタピン	B5103
ガイドピン	B5102
ランナーロックピン	規定なし

従って、誤っているのはニである。

19 金型の取扱いについて、誤っているものはどれか。
- イ 成形を終了した金型は、冷却穴の水抜きをした後、エアで清掃する。
- ロ 金型をワイヤロープで吊り上げる場合、パーティング面が開かないことを確認する。
- ハ 金型を保管するには、乾燥した冷暗所がよい。
- ニ 成形機に取り付けた金型を点検するときは、モータ電源を切る必要はない。

解答 ニ

解説
ニについて、成形機に取り付けた金型を点検するときは、安全上モータ電源を切る必要がある。イ、ロ、ハはすべて正しい。

20 非晶性プラスチックと比較した結晶性プラスチックの一般的な特徴として、正しいものはどれか。
- イ 透明である。
- ロ 溶剤に接してもクラックが発生しにくい。
- ハ 溶剤接着に多く用いられる。
- ニ 成形収縮率は小さい。

解答 ロ

解説
結晶性プラスチックの特徴は次の通りである。
- イ 不透明である。
- ロ <u>溶剤に接してもクラックが発生しない。</u>
- ハ 溶剤接着には適さない。
- ニ 成形収縮率は大きい。

従って、正しいのはロである。

21 プラスチック材料とその特性の組合せとして、正しいものはどれか。

　　　【プラスチック材料】　　　　　【特性】
　　イ　ポリアセタール　　　耐衝撃性が劣っている。
　　ロ　ポリスチレン　　　　耐衝撃性が優れている。
　　ハ　ポリエチレン　　　　耐寒性が優れている。
　　ニ　ポリプロピレン　　　ヒンジ性が劣っている。

解答　ハ

解説
　イ　ポリアセタールはシャープコーナがないと耐衝撃性は比較的優れている。
　ロ　ポリスチレンは耐衝撃性が劣っている。
　ハ　ポリエチレンは耐寒性が優れている。
　ニ　ポリプロピレンはヒンジ特性が優れている。
　従って、正しいものはハである。

22 水に浮く成形材料として、正しいものはどれか。
　　イ　ポリアセタール
　　ロ　ポリプロピレン
　　ハ　ポリカーボネート
　　ニ　ポリ塩化ビニル

解答　ロ

解説
各材料の比重は次のとおりである。

	比重
ポリアセタール	1.4
ポリプロピレン	0.9
ポリカーボネート	1.2
ポリ塩化ビニル	1.4

従って、水に浮くのは水の比重（1.0）より小さいポリプロピレンである。

23 日本工業規格（JIS）の略号及び材料名の組合わせとして、誤っているものはどれか。

	【略語】	【材料名】
イ	PBT	ポリブチレンテレフタレート
ロ	POM	ポリアセタール
ハ	PPE	ポリフェニレンスルフィド
ニ	PET	ポリエチレンテレフタレート

解答 ハ

解説

各略語と材料名は次の通りである。

	【略語】	【材料名】
イ	PBT	ポリブチレンテレフタレート
ロ	POM	ポリアセタール
ハ	PPE	ポリフェニレンエーテル
ニ	PET	ポリエチレンテレフタレート

従って、誤っているのはハである。

24 日本工業規格（JIS）による六角穴付きボルトの図示法として、正しいものはどれか。

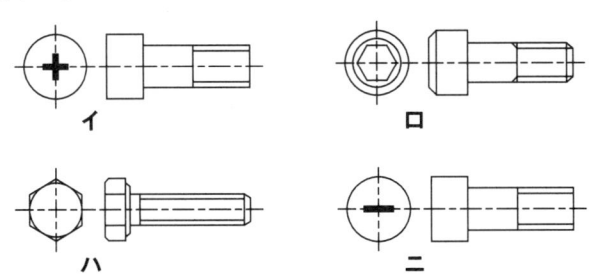

解答 ロ

解説

本題は、第三角法で示されている。

六角穴付きボルトであるから、明らかにロが正しい。

イ、ハ、ニには全く該当しない。

25 家庭用品品質表示法による合成樹脂加工品品質表示規程に規定されている合成樹脂加工品はどれか。
　　イ　洗面器
　　ロ　カセットケース
　　ハ　植木鉢
　　ニ　歯ブラシ

解答　イ

解説
　本題に提示された家庭用品品質表示関係法令の対象品目として規定されている合成樹脂製品は、洗面器、たらい、バケツおよび浴室用の器具である。
　従って、本題に提示された家庭用品品質表示関係法令の対象品目は、イの洗面器である。

平成28年度技能検定
1級プラスチック成形学科試験問題
（射出成形作業）

この試験問題の転載については、中央職業能力開発協会
の承諾を得ています。　　　　　　　　　　禁無断転載

A群（真偽法）

1 下記の成形法と製品又は品質に関する用語の組合わせは、いずれも正しい。

　　　【成形法】　　　【用語】
(1)　カレンダ成形　　圧延シート
(2)　ブロー成形　　　内容積
(3)　真空成形　　　　厚さ分布

解答　正

解説
(1)　カレンダ成形はPVCの成形に用いられる。PVCに可塑剤、滑剤、充填剤などを混合したのち、カレンダーロールで圧延してシートまたはフィルムに加工するのに用いられている。
(2)　ブロー成形は押出機を用いてチューブ状溶融体（パリソン）を押出して、ブロー金型で挟んで圧縮空気を吹き込んでびんを成形する方法である。パリソンの厚さによって内容積が変わることに注意しなければならない。
(3)　真空成形はシートまたはフィルムを加熱軟化させたのち、金型を真空に引いてトレイ状の成形品を加工する方法である。コーナ部の肉厚が薄くなるので、厚さ分布に注意しなければならない。
従って、各用語の組み合わせはすべて正しい。

2 PMMAは、PEに比べて吸湿性の大きいポリマーである。

解答　正

解説
水中、24hr浸漬による吸水率ではPEは0.01％以下である。PMMAは0.2％～0.3％であるので、PMMAの方が吸湿しやすい。

3 Rオームの抵抗にIアンペアの電流（直流）を流した場合の電力Wは、下記の式で表される。
$$W = R \times I^2$$

解答 正

解説

電圧をE(ボルト)、電流をI(アンペア)、抵抗をR(オーム)、電力をW(ワット)とすると
$$W = E \cdot I$$
また、
$$E = R \cdot I$$
であるから
$$W = R \cdot I^2$$
となる。

4 np 管理図は、検査個数が一定でない場合、不良率で管理するときに用いられる。

解答 誤

解説

品質管理用語の pn 管理図は np 管理図に変わった。不良品も不適合品に、不良率も不適合品率に変わった。これらは若干ニュアンスの違いがあるようだが、いまだに十分浸透せず混合して使用されている。

「np 管理図とは、サンプルサイズが一定のとき、不適合品数を用いて、工程を管理するための図のことをいう」となる。

即ち、不適合品数とは、以前の不良品数をさしており、不良率ではない。

従って、本問題は"誤"である。

5 粉末消火器には、普通火災用、油火災用及び電気火災用があり、それぞれ白色、黄色、青色の下地色で表示される。

解答 正

解説

本題に提示されたように、消火器には、次のように円形標識で表示されて

いる。
　　　白色‥‥‥‥‥普通（一般）火災用
　　　黄色‥‥‥‥‥油火災用
　　　青色‥‥‥‥‥電気火災用

6 射出圧縮成形法やガスアシスト射出成形法における充填圧力は、一般の射出成形法よりも高くしなければならない。

解答　誤

解説

　本題に提示された射出圧縮成形法は、通常の射出成形機を使用して、わずかに開いた状態のキャビティに材料を低圧で注入したのち型締によって加圧するのが基本的な方法で、実際的には圧縮成形と同じような成形過程となる。

　ガスアシスト射出成形法は、金型内に射出された溶融樹脂の中に不活性ガスを注入し、保圧の代りにガス圧によって冷却に伴う体積収縮によるヒケを防止し、平滑な面を持つ成形品、もしくは肉厚の中空成形品を得る射出成形法である。

　この場合のガスの注入方法としては、射出成形機の射出装置を一部改造して、ノズル部からランナーを経由する方法と、金型サイドで成形品の肉厚部を選択して、注入装置を付加する方法とに大別できる。

　以上の内容から理解されるように、本題に提示された射出圧縮成形法やガスアシスト射出成形法における溶融材料の充てん圧力は、一般の射出成形法よりも低くてよい。

　従って、答えは"誤"である。

7 流動配向は、金型温度や樹脂温度が低くて、射出圧力が高いほど生じやすい。

解答　正

解説

　溶融樹脂が型内を流動するときに、図のようにせん断力を受けると分子は流動方向に配向する性質がある。金型温度や樹脂温度が低く、射出圧力が高いとせん断力が大きくなるので流動方向に配向しやすくなる。

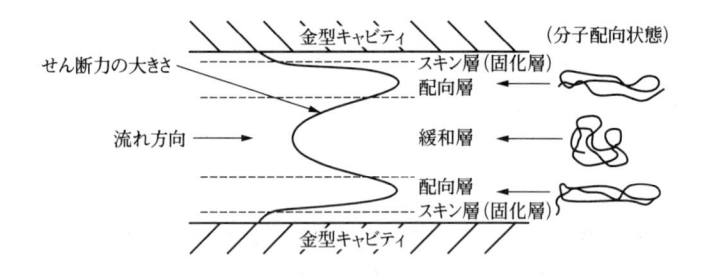

```
             金型キャビティ        （分子配向状態）
         ／／／／／／／／／
せん断力の大きさ ------- スキン層(固化層)
                         配向層      ←
流れ方向 →               緩和層      ←
                         配向層
         ------- スキン層(固化層)
         ／／／／／／／／／
             金型キャビティ
```

8 │ 一定以上吸湿した PBT は、加熱溶融すると加水分解が生じる。

解答　正

解説

　PBT は分子鎖中にエステル結合を有するため、一定以上 (0.01 〜 0.02％以上) 吸湿した状態で成形すると加水分解する性質がある。

9 │ ガラス繊維強化プラスチックの光沢不良の対策としては、一般に、加熱筒温度、金型温度、射出速度等を上げるのが有効である。

解答　正

解説

　ガラス繊維強化プラスチックの成形では、型内に射出した溶融樹脂が型接触面で固化する前に、保圧をかけて金型面を転写すると光沢のある成形品が得られる、そのためには、加熱筒温度および金型温度を高くして、射出速度を速くすると光沢はよくなる。

10│ ポリエチレンやポリプロピレンの接着性を良くするには、接着面に火炎処理やコロナ放電処理をするとよい。

解答　正

解説

　ポリプロピレンやポリエチレンは親水基を有していないので、接着性はよくない。成形品表面を火炎処理やコロナ放電処理すると、表面が酸化されて親水性基が生成するので、接着性はよくなる。

11 マイクロメータのラチェットストップは、測定圧を一定にする働きをもっている。

解答 正

解説
本問題に掲示されたようにマイクロメータのラチェットストップは、所定の測定圧を過ぎると空転するようになっているので、測定圧を一定にする働きを持っている。

12 顔料と成形材料（ペレット）を混合機（タンブラー）で混合する時、湿潤剤を加えるとペレットに顔料が均一に分散され飛散しにくくなる。

解答 正

解説
顔料と成形材料（ペレット）を混合機（タンブラー）で混合する時、顔料は微粉であるためペレット表面に付着しにくい。界面活性剤のような湿潤剤を加えると、ペレットに顔料が付着するので均一に分散され飛散しにくくなる。

13 成形品のアニーリング効果を高めるには、荷重たわみ温度まで温度を上昇させた加熱炉内に成形品を入れ、一定時間加熱するのがよい。

解答 誤

解説
アニーリングは射出成形や2次加工で生じた残留応力を緩和する目的で行う。アニーリング処理の温度は非晶性プラスチックと結晶性プラスチックでは異なる。処理温度の一般的な目安は次の通りである（成形品厚み2mm～3mm以下の場合）。

非晶性プラスチックは荷重たわみ温度より5℃～10℃低い温度で数時間処理する。

結晶性プラスチックは実際に使用する上限温度より20℃～30℃高い温度または結晶化温度で数時間処理する。

従って、荷重たわみ温度で加熱処理するのは正しくない。

14 1個90gの製品を1000個成形したところ、不良品100個が発生した。これに要した材料が100kgである場合の材料歩留まり率は90.0%である。

解答 誤

解説

歩留まり率は次式で表される。

歩留まり率（％）＝（製品の総質量 ÷ 材料の総投入質量）× 100

ここで

材料の総投入質量 ＝ 100 kg
製品の総質量 ＝（1000個 － 100個）× 90 g
　　　　　　＝ 81,000 g（81 kg）

従って、

歩留まり率（％）＝（81 kg ÷ 100 kg）× 100
　　　　　　　　＝ 81％

15 油の流量240 ℓ/min、有効受圧面積120 cm²の場合の油圧シリンダの作動速度は、20 cm/s である。

解答 誤

解説

流速 ＝ 流量 ÷ 有効受圧面積

である。1 ℓ は 1000 cm³ であるから

流速（作動速度）＝（240 × 1000 cm³/min）÷ 120 cm²
　　　　　　　　＝ 2000 cm/min（33 cm/s）

従って、20 cm/s は誤りである。

16 電動式射出成形機の駆動源に使われるサーボモータは、回転速度及びトルクをそれぞれ単独で設定できる。

解答 正

解説

サーボモータで出来ることを簡単に示すと下記のとおりである。

(1) トルク制御

モータの出力トルクは制御できまる。

モータのトルクは流す電流で決まる。

よって電流を制御することでその時の最大発生トルクを制御できる。

(2) 速度制御

モータの速度は、電圧を制御することで無段階に変えることができる。

(3) 位置制御

モータの回転角度（位置）も正確に制御できる。

一般的に実機で使用されるサーボモータにおいては、これら三つの制御を同時に行う。

従って、本題は正解である。

17 7.5kW、200Vの三相電動機（効率0.8、力率0.8）には、15Aの電流が流れる。

解答 誤

解説

三相電力Pは、$P = \sqrt{3} \times VI\cos\theta\eta$ で表される。

V：電圧、I：電流、$\cos\theta$：力率、η：効率

$I = P / (\sqrt{3}V\cos\theta\eta)$

　　$= 7.5 \times 1000 / (1.732 \times 200 \times 0.8 \times 0.8) = 33.83$ (A)

非常にレベルの高い問題である。15Aにはならない。

18 射出成形機の加熱シリンダに設けられたベント装置は、成形材料の水分や揮発分を効率的に除去する役割がある。

解答 正

解説

ベント式射出成形機は図のように、シリンダの途中にベント孔を設けた装置である。ベント孔を設けることで溶融樹脂中の水分や揮発分を脱気できる効果がある。

従って、本題は正しい。

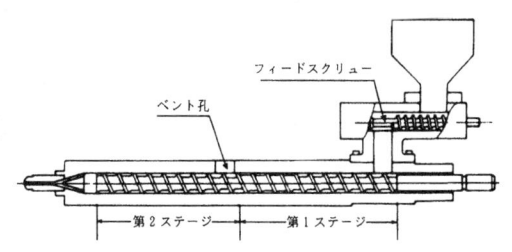

19 プラスチック用金型のインターロックピンは、固定側型板と可動側型板の間の正確な位置決めをするために用いられる。

解答 正

解説

通常の射出成形金型ではガイドピンとガイドブシュの間に若干のクリアランスがあるので、固定側型板と可動側型板の間の正確な位置決めをすることは困難である。

インターロックピンは、図に示すように型締めする際に固定側型板と可動側型板を精密な位置決めをするために用いられるものである。

(出所　ミスミカタログ)

20 エア突出し装置は、コップやバケツのような深物成形品の突出しに多く用いられる。

解答 正

解説

図に示すように、エア突出し装置は、圧縮エアを吹き出すことで深物成形品を突き出す方法である。コップやバケツのような深物成形品の突出しに多く用いられる。

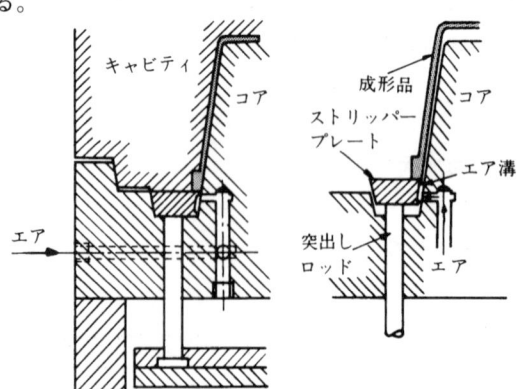

出所：本間精一編、プラスチック成形技能検定の解説、p.116、三光出版社 (2014)

21 引張弾性率は、引張荷重を加えたときの変形のしにくさを表し、この値が大きいほど伸びが小さくなる。

解答 正

解説
引張応力 σ は、次式で表される
　$\sigma = W / S$　　（W：引張荷重　　S：試験片断面積）
引張ひずみ ε は、次式で表される。
　$\varepsilon = \Delta L / L$　　（ΔL：伸び　　L：試験片の初期長さ）
フックの法則では応力ひずみの関係は次式で示される。
　$\sigma = E \cdot \varepsilon$
従って、$W / S = E \cdot (\Delta L / L)$ であるので
　$\Delta L = [(W / S) \cdot L] / E$
となり、Eの値が大きいほど、伸び ΔL は小さくなる。

22 インサート金具にシャープエッジがあると成形品にクラックが発生しやすいのは、応力集中のためである。

解答 正

解説
インサート金具周囲にクラックが発生する原因には次のことがある。
① 金具にシャープエッジがある場合（応力集中の影響）
② 金具周囲にウェルドラインが発生している場合
③ 切削油が付着した金具を用いた場合（非晶性プラスチックの場合）
④ 金具周囲の樹脂層肉厚が薄過ぎる場合
従って、本題は正しい。

23 結晶性プラスチックどうしの接着には、溶剤接着法が適している。

解答 誤

解説
溶剤接着は、成形品の接着面を溶剤または溶剤に同種樹脂を溶解した溶液（ドープ液）を用いて溶解したのち接着する方法である。結晶性プラスチックは溶剤に溶解しにくいので、溶剤接着には適さない。

24 成形材料とその略号の組合せは、いずれも正しい。

　　　　　【成形材料】　　　　　　　【略号】
　(1)　ポリスルホン　　　　　　　　PSU
　(2)　ポリエーテルイミド　　　　　PEI
　(3)　ポリフェニレンスルフィド　　PESU

解答　誤

解説
　ポリフェニレンスルフィドの略号は PPS であり、誤りである。PESU はポリエーテルスルホンの略号である。

25 資源有効利用促進法によれば、プラスチック製の容器包装には、分別回収の促進のための表示が義務付けられている。

解答　正

解説
　資源有効利用促進法では指定表示製品の製造、加工、販売を行う事業者（製造を発注する事業者を含む）に対し識別マークの表示を義務付けている。識別マークが表示されていることにより、消費者はごみを出すときの分別が容易になる。プラスチック製品容器包装の識別マークは下図の通りである。

B群（多肢択一法）

1 次の記述中の（　）内に入る数値として、最も適切なものはどれか。
総投影面積（スプルー、ランナーを含む）120cm²のPC成形品を、射出圧力130MPaで射出成形する場合は、型締力が（　　）kNの射出成形機を使用するのがよい。ただし、流動抵抗による圧力損失は60%とする。

　　イ　250
　　ロ　500
　　ハ　750
　　ニ　1000

【解答】ハ

【解説】

型締力 ≧ 総投影面積 × 射出圧（1 − 圧力損失率）
また、1MPa = 1N/mm²、120cm² = 12,000mm²であるので
型締力 ≧ 12,000mm² × 130N/mm² ×（1 − 0.6）
　　　　= 624kN
従って、正解はハである。

2 射出成形条件と成形品の品質に関する記述について、適切なものはどれか。
　　イ　シリンダ温度を高くすると、白化する。
　　ロ　射出二次圧を高くすると、すりきずが発生しやすい。
　　ハ　金型温度を高くすると、フローマークが発生する。
　　ニ　射出速度を遅くすると、光沢が良くなる。

【解答】ロ

【解説】
　イ　シリンダ温度を高くすると、樹脂焼けは起こり易いが白化はしない。
　ロ　射出二次圧（保圧）を高くすると、離型が悪くなりすりきずが発生しやすい。
　ハ　金型温度を高くしてもフローマークは発生しない。
　ニ　射出速度を遅くするほうが、型面の転写が悪くなるので光沢が悪くなる。

81

従って、適切なものはロである。

3 成形品の外観不良と材料の予備乾燥に関する記述として、適切なものはどれか。
 イ 透明成形品の小さな気泡は、成形材料の予備乾燥不足のためである。
 ロ 成形品のやけは、成形材料の予備乾燥温度が高すぎたためである。
 ハ 成形品のフローマークは、成形材料の予備乾燥時間が長すぎたためである。
 ニ 成形品のひけは、成形材料の予備乾燥温度が高すぎたためである。

|解答| イ

|解説|
 成形品のやけ、フローマーク、ひけなどの外観不良は予備乾燥には関係しない。予備乾燥が不足すると水分または加水分解による分解ガス（PC、PBT、PETなど）の影響で銀条や小さな気泡が発生する。
 従って、適切なものはイである。

4 パージ材として求められる特性として、誤っているものはどれか。
 イ 温度変化による粘度変化が少ない。
 ロ 粘度が低く流動性がよい。
 ハ 比較的安価である。
 ニ スクリュー、シリンダ等との剥離性がよい。

|解答| ロ

|解説|
 パージ材の特性としては温度変化による粘度変化が少ないこと、<u>高粘度であること</u>、安価であること、スクリュー、シリンダ等との剥離性がよいことなどが求められる。
 従って、誤っているものはロである。

5 ガラス繊維強化 PBT でガラスの浮きが目立つ原因の対策として、適切でないものはどれか。
　　イ　射出速度を速くする。
　　ロ　金型温度を低くする。
　　ハ　シリンダ温度を上げる。
　　ニ　ガス抜きを充分にする。

【解答】ロ

【解説】
　ガラス繊維強化 PBT でガラスの浮きを目立たなくするには射出速度を速くすること、金型温度を高くすること、シリンダ温度を上げること、ガス抜きを充分にすることなどの対策が有効である。
　従って、適切でないものはロである。

6 成形品の残留応力の対策として、適切なものはどれか。
　　イ　金型温度を上げる。
　　ロ　射出一次圧を上げる。
　　ハ　射出速度を上げる。
　　ニ　射出二次圧を上げる。

【解答】イ

【解説】
　成形品の残留応力を低減するには金型温度を上げること、射出一次圧や二次圧を下げること、射出速度は遅めにすることなどの対策が有効である。
　従って、適切なものはイである。

7 同材質の成形品を超音波溶着する場合、次の材料のうち溶着強度が最も低いものはどれか。
　　イ　ABS 樹脂
　　ロ　PE
　　ハ　PS
　　ニ　PC

【解答】ロ

|解説|

　ABS樹脂、PS、PCなどの硬質のプラスチックは超音波溶着（伝達溶着）しやすい。PEは比較的軟らかいので超音波波振動の伝達損失が大きいので、溶着強度が低くなる傾向がある。

　従って、溶着強度が低いのはロである。

8 ノギスの使用に関する記述として、適切でないものはどれか。
　　イ　使用の前後は、必ずきれいに拭き取る。
　　ロ　止めねじは、できるだけ固く締める。
　　ハ　M型ノギスで小さな穴の径を測るときは、見かけ上、小さめに読み取れることが多いので気をつける。
　　ニ　外径測定に際しては、被測定物をできるだけ基準面に近いところにはさむ。

|解答|　ロ

|解説|

　ノギスは、成形現場で最も広く使用されている測定器である。
　測定品の外側、内側、深さなどを測定する時に使用する。
　イ．測定器であるから取り扱いは慎重にしなければならない。使用前後には、きれいに拭き取る。特に使用前には、測定面は丁寧に拭き取ること。
　ロ．止めねじは、測定時にはフリーにしておく。固定する時は、一定寸法品の選別を行う時である。
　ハ．M型ノギスは、一般的なノギスである。内側測定面（内側用ジョウ）が平行な歯になっており、小さな穴は点接触にならないので小さめに読み取れることがある。
　ニ．外側測定の場合は、測定面の奥の方（基準面）ではさんで測定する。
　従って、本題の記述で適切でないのは、<u>ロの止めねじを固定すること</u>である。

9 着色剤と成形材料に関する組合わせとして、適切でないものはどれか。

　　　【着色剤】　　　　　【成形材料】
　イ　分散性粉末顔料　　　PMMA 透明品
　ロ　ペースト状着色剤　　PVC
　ハ　リキッドカラー　　　ABS 樹脂
　ニ　マスターバッチ　　　エンジニアリングプラスチック

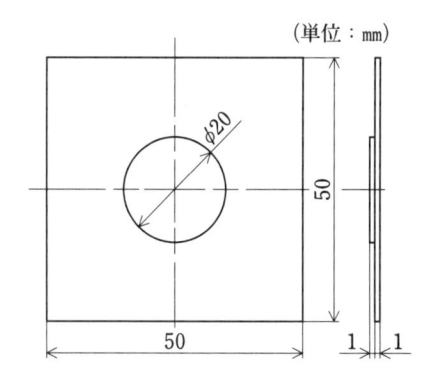

|解答| イ

|解説|

イの PMMA の透明着色には染料を用いる。分散性粉末顔料を用いると不透明になる。ロ、ハ、ニの組み合わせはすべて正しい。

従って、適切でないものはイである。

10 下図の成形品の質量（g）として、最も近いものはどれか。
ただし、密度は1.2g/cm³とする。

　イ　2.8g
　ロ　3.1g
　ハ　3.4g
　ニ　6.8g

（単位：mm）

|解答| ハ

|解説|

まず単位をcmとして容積を計算する。

$[5.0\text{cm} \times 5.0\text{cm} \times 0.1\text{cm}] + [3.14 \times (1.0\text{cm})^2 \times 0.1\text{cm}] = 2.81\text{cm}^3$

従って、質量は

　容積×密度 ＝ 2.81cm³ × 1.2g/cm³
　　　　　　＝ 3.37g

従って、最も近いものはハである。

11 スタックモールド用射出成形機の通常成形機との比較に関する記述として、誤っているものはどれか。
　　イ　可塑化能力は通常成形機に比べ、2倍を必要とする。
　　ロ　型締力は通常成形機に比べ、2倍を必要とする。
　　ハ　型開きストロークは通常成形機に比べ、2倍を必要とする。
　　ニ　射出率は通常成形機に比べ、2倍を必要とする。

(解答)　ロ

(解説)
　スタックモールドとは、多段金型（積層金型とも）、一般的には2段金型と呼ばれ、一つの型締機構のなかに2組の金型がセットできるようになっている。
　偏平なものを作る場合にはもっと多段にすることも可能である。
　射出機構は、通常の横形射出成形機の場合には、2組の金型の中央部にホットランナブロックを組み込んで、そこから左右のキャビティに射出する。
　スタックモールドは、可塑化能力、型締ストローク、射出率は2倍を必要とする。型締力は理論的には同じである。しかし、通常はやや多目とするが2倍は絶対に必要としない。生産性も理論的には、2倍である。
　従って、本題は ロ が誤りである。

12 汎用射出成形機に用いられるスクリューに関する記述として、誤っているものはどれか。
　　イ　一般に、ピッチは一定である。
　　ロ　L/D は、25～35 のものが多い。
　　ハ　計量部は、供給部より短い。
　　ニ　圧縮比は、2～3 である。

(解答)　ロ

解説

汎用射出成形機に用いられるスクリューを下図に示す。

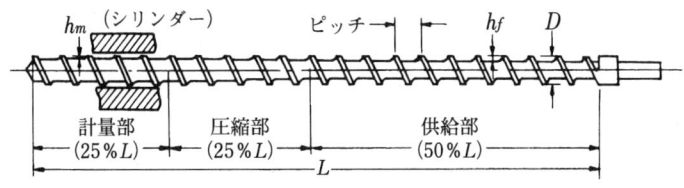

注：（ ）内の％は全長Lに対する一例を示す

イ．ピッチは一定である。
ロ．L/Dは、15～25くらいである。
ハ．計量部は、供給部の1／2である。
ニ．圧縮比は、2～3くらいである。

$$圧縮比 = \frac{hf(D-hf)}{hm(D-hm)}$$

従って、スクリューに関する記述のうち、誤っているのは、ロの$L／D$である。

13 油圧機器に関する記述として、誤っているものはどれか。

イ　リリーフバルブは、一次側の圧力が設定圧力になれば、回路をタンクにつなげる。
ロ　可変吐出型ポンプは、一回転当たりの吐出量を変化させることができる。
ハ　レデューシングバルブは、順次作動する弁の役割をさせることができる。
ニ　方向制御弁の１つに、電磁弁（ソレノイドバルブ）がある。

解答 ハ

解説

イ．リリーフ弁は、回路の圧力を常に一定に保つための調整弁である。圧油が設定圧以上にになるとパイロット弁が開き平衡が破れて主弁が移動して、圧油がタンクに逃げて、回路の圧力を下げている。
ロ．油圧ポンプは、一定吐出型ポンプが多いが、ラジアルプランジャーポ

ンプとベーンポンプには、可変吐出型のものもある。これらは斜板角度やリングとロータ間の偏心量を変えて吐出量を調節している。

ハ．レデューシングバルブは、減圧弁のことである。作動順次弁は、シーケンスバルブのことである。減圧弁は、油圧回路の一部が主回路の圧力より低い圧力を必要とするときに使用され、シーケンスバルブは、圧力により油の流れる方向を切換える場合に使用されるもので、用途は異なる。

ニ．ソレノイドバルブは、電磁式方向切換弁で、電磁石によりスプール（弁棒）の移動を行い、油の流れを切換えるもので、自動機には欠かせないバルブである。

従って、本問題の誤りはハである。

14 下図において、ヒューズは最低何A（アンペア）用でなくてならないか。ただし、R_1 及び R_2 の消費電力はそれぞれ1kWである。

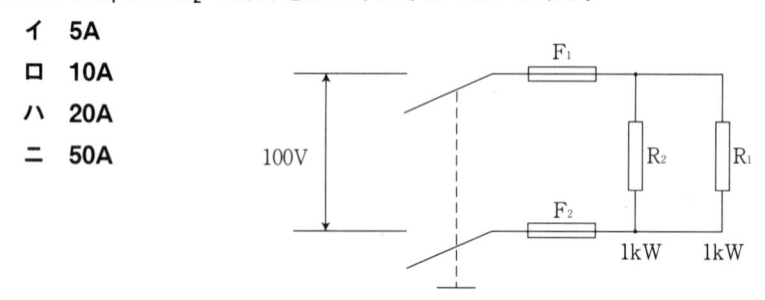

　　イ　5A
　　ロ　10A
　　ハ　20A
　　ニ　50A

解答 ハ

解説

本問題に提示された図の1kWの負荷の回路電力と電圧から抵抗は、

$$電流 = \frac{電力（W）}{電圧（V）} = \frac{1000（W）}{100（V）} = 10（A）$$

$$抵抗 = \frac{電圧}{電流} = \frac{100（V）}{10（A）} = 10（Ω）$$

これらから図の全負荷の抵抗（並列の合成抵抗）は

$$抵抗 = \frac{1}{\frac{1}{10} + \frac{1}{10}} = \frac{1}{\frac{2}{10}} = \frac{10}{2} = 5（Ω）$$

これから図の回路に流れる全電流は

$$全電流 = \frac{電圧}{抵抗} = \frac{100\ (\mathrm{V})}{5\ (\Omega)} = 20\ (\mathrm{A})$$

従って、本題に提示された図の回路の全負荷に対するヒューズの容量は、最低ハの 20 アンペアである。

15 次の記述中の（　　　）内に入る語句として、適切なものはどれか。

制御量の検出やこれにともなう調節を行わずに、あらかじめ、条件設定を行うだけでプロセスを進行させていく制御方式を（　　　）という。

　　イ　クローズドループ制御
　　ロ　オープンループ制御
　　ハ　PID 制御
　　ニ　フィードバック制御

(解答)　ロ

|解説|

制御量の検出やこれにともなう調節を行わずに、あらかじめ、条件設定を行うだけでプロセスを進行させていく制御方式がオープンループ制御である。最近は、設定値の保持精度が高く、シーケンスの変更が容易で、臨機応変のシーケンス制御動作が可能なため、コンピュータを用いたオープンループ制御方式の射出成形機もある。

　従って、正解はロである。

16 射出成形機の付属機器および装置の特徴に関する記述として、誤っているものはどれか。

　　イ　ホッパローダは、材料を自動供給する装置である。
　　ロ　ベント装置は、成形加工中に発生するガスを抜く装置である。
　　ハ　一般に、温度制御範囲が100℃以上の金型温度調節の場合は、媒体には水が使われない。
　　ニ　混合機は、材料の着色やスクラップ材の混合などに使われる装置である。

(解答)　ハ

[解説]
ハについて、温度制御範囲が100℃以上の金型温度調整の場合は、媒体には加圧蒸気（水）を使うことがある。イ、ロ、ニの文章はすべて正しい。

従って、誤っているものはハである。

17 パーティングライン（PL）に関する記述として、適切でないものはどれか。
　イ　成形品の外観上、できるだけ目立たない位置に設ける。
　ロ　成形品の仕上げ加工が容易になるような位置に設ける。
　ハ　PLの形状は、シンプルでできるだけ直線状がよい。
　ニ　重要な寸法は、なるべくPL面を横切るようにするのがよい。

[解答]　問題不成立

18 ランナーやゲートの付け方に関する記述として、誤っているものはどれか。
　イ　多数個取り金型では、各キャビティが同時に充てんされるようにランナーやゲートを配置する。
　ロ　ゲートは成形品の重心に近い部分に付けるのがよい。
　ハ　成形品に生じるそりや変形とゲート位置とは無関係である。
　ニ　コールドスラグウエルとは、スプルーやランナーに冷えかけた材料を取り除く部分である。

[解答]　ハ

[解説]
ハについて成形品に生じるそりや変形を防止するには、ゲートを適切な位置に設ける必要がある。イ、ロ、ニの文章は正しい。

従って、誤っているのはハである。

19 日本工業規格（JIS）の「プラスチック射出成形機の金型関連寸法」に関する記述として、誤っているものはどれか。
　　イ　金型取付穴の配置は、金型の寸法に準じて自由に設定することができると定められている。
　　ロ　押出ロッド穴の配置は、可動盤サイズに準じて、位置及びロッド径が定められている。
　　ハ　ノズル先端の球状の曲率半径とその許容差は、定められている。
　　ニ　射出成形機のロケートリング用穴の深さは、定められている。

【解答】　イ
【解説】

JIS B6701（プラスチック射出成形機の金型関連寸法）で次の項目が規定されている。
　　イ　金型取付穴の配置は定められている。
　　ロ　押出ロッド穴の配置は、可動盤サイズに準じて、位置及びロッド径が定められている。
　　ハ　ノズル先端の球状の曲率半径とその許容差は、定められている。
　　ニ　射出成形機のロケートリング用穴の深さは、定められている。
　従って、誤っているのはイである。

20 金型の保守管理に関する注意事項として、誤っているものはどれか。
　　イ　難燃性材料の成形後は、ただちにグリースを十分に塗布しておく。
　　ロ　防錆剤を塗る前には、キャビティ面の不純物をよく拭きとる。
　　ハ　キャビティ面は、柔らかい布でこすらないように軽く拭きとる。
　　ニ　防錆剤は、キャビティ以外の摺動部分などにも塗布しておく。

【解答】　イ
【解説】

　イについて、グリースは水分を含みやすいので、キャビティ面の不純物をよく拭き取ったのち良質の防錆油を塗布するのがよい、ロ、ハ、ニはすべて正しい。
　従って、誤っているのはイである。

21 成形材料に関する記述として、誤っているものはどれか。
　　イ　ポリアセタールは、ホモポリマーとコポリマーがある。
　　ロ　ポリプロピレンは非晶性樹脂であり、そのため不透明である。
　　ハ　ナイロン6は、ガラス繊維の補強で荷重たわみ温度が大幅に向上する。
　　ニ　ポリカーボネートの低温脆化温度は、－100℃以下である。

解答　ロ

解説
　ロのポリプロピレンは結晶性樹脂である。イ、ハ、ニの文章はすべて正しい。
　従って、誤っているものはロである。

22 一度バーナーの炎を当てると燃えだし、次にその炎を遠ざけると燃え続けない樹脂はどれか。
　　イ　ポリカーボネート
　　ロ　ポリスチレン
　　ハ　ポリアセタール
　　ニ　ポリエチレン

解答　イ

解説
　ポリカーボネートは接炎すると燃えだし、次にその炎を遠ざけると自然に消えるので自己消火性に分類されている、ポリスチレン、ポリアセタール、ポリエチレンなどは炎を離しても燃え続ける性質がある。
　従って、正解はイである。

23 日本工業規格（JIS）によれば、射出成形品の機械的性質の試験に含まれないものはどれか。
　　イ　絶縁破壊強さ
　　ロ　曲げ強さ
　　ハ　圧縮強さ
　　ニ　アイゾット衝撃強さ

解答 イ

解説

曲げ強さ（JIS K7171）、圧縮強さ（JIS K7181）、アイゾット衝撃強さ（JIS K7110）などは機械的性質の試験に含まれている。一方、絶縁破壊強さは電気的性質（JIS C2110）に規定されている。

従って、機械的性質に含まれないものはイである。

24 次の記述中の（　　）内に入る数値として、正しいものはどれか。

日本工業規格（JIS）によれば、機械製図に用いられる線において、互いに近接して描く平行線の線と線との間隙は（　　）mm以上と規定されている。

　　イ　0.4
　　ロ　0.5
　　ハ　0.6
　　ニ　0.7

解答 ニ

解説

JIS Z8316（製図－図形の表し方の原則）では、「線と線の間のすきまは、ハッチングを含む平行線間の最小すきまは、最も太い線の太さの二倍以上とする。また、線と線のすきまは、0.7mm以上にすることが望ましい。」と規定されている。

従って、正解はニである。

25 電気用品安全法によれば、電気用品とは次のように規定されているが、（　　　）内に入る語句として、適切なものはどれか。
　1　一般用電気工作物（電気事業法に規定する一般用電気工作物をいう）の部分となり、又は、これに接続して用いられる機械、（　　　）又は材料のことをいう。
　2　携帯発電機であって、政令で定めるもの
　3　蓄電池であって、政令で定めるもの

　　イ　電線
　　ロ　変圧器
　　ハ　分電盤
　　ニ　器具

解答　ニ

解説

　電気用品安全法によれば、「電気用品とは一般用電気工作物の部分となり、またはこれに接続して用いられる機械、器具、又は材料であって政令に定めるもの」となっている。
　従って、適切なものはニである。

平成28年度技能検定
2級プラスチック成形学科試験問題
(射出成形作業)

この試験問題の転載については、中央職業能力開発協会の承諾を得ています。　　　禁無断転載

A群（真偽法）

1 押出成形は、一定量のプラスチック成形材料をピストン（反復）運動で押し出す成形法である。

解答 誤

解説
　図に示すように押出成形は、スクリュを用いて材料を可塑化して、溶融樹脂をダイから押し出して成形する方法である。シート、フィルム、パイプなどを成形する方法である。ピストン運動で押し出す方法ではない。

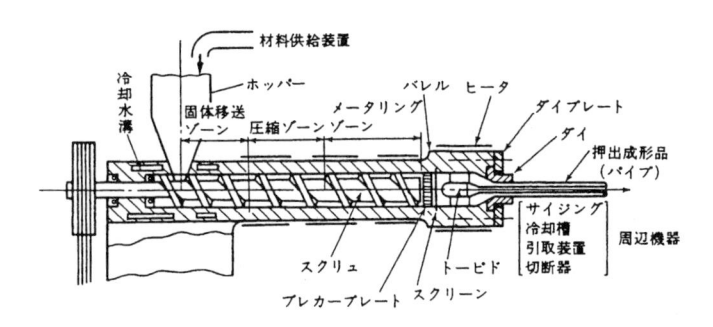

2 熱可塑性樹脂成形品は、いったん硬化した後、加熱しても溶融変形はしない。

解答 誤

解説
　熱可塑性樹脂は、成形前の材料は、完全な高分子であって、成形後も化学的にはなんら変化はない。即ち、再利用できる。硬化はしないので再加熱すると変形が起こり、さらに熱すると溶融する。

3 オームの法則によると、電圧が一定ならば、電流は電気抵抗の大きいものほど多く流れる。

解答 誤

解説
　オームの法則は、次式である。

E＝R・I
　　E：電圧（ボルト）　R：抵抗（オーム）　I：電流（アンペア）
　I＝E／Rであるから、電圧Eが一定ならば、電流Iは電気抵抗Rの大きいものほど電流は流れにくくなる。

4 日本工業規格（JIS）によると、品質管理とは、製品を全数検査して不良品を1個も外部に出さないことをいう。

【解答】　誤
【解説】
　JISでは品質管理についての定義はないがISO8402では次のように定義されている。品質管理は「品質方針、目標および責任を定め、それらの品質システムの中で、品質計画、品質管理手法、品質保証及び品質改善などによって実施する全般的な経営機能のすべての活動」となっている。

5 労働安全衛生法関係法令によれば、年に1日しか使用しないフォークリフトは、1年ごとの特定自主検査を行う必要はない。

【解答】　誤
【解説】
　フォークリフトは、「労働安全衛生法」及び「労働安全衛生規則」で特定自主検査と自主検査が義務づけられている。
　特定自主検査は、年一回、有資格者または許可を得た検査者が原動機・動力伝達装置・走行装置・操作装置などの9項目について異常の有無を検査し、異常がある場合は修理・交換し検査済みステッカを添付する。特殊自主検査は使用頻度が少なくても行わなければならない。

6 プリプラ式とは、1本のシリンダで可塑化、溶融および射出する装置をいう。

【解答】　誤
【解説】
　1本のシリンダで可塑化、溶融および射出する装置はインラインスクリュ式である。プリプラ式は別シリンダで可塑化した樹脂をプランジャに計量し

て射出する装置である。下図はスクリュプリプラ式射出成形機である

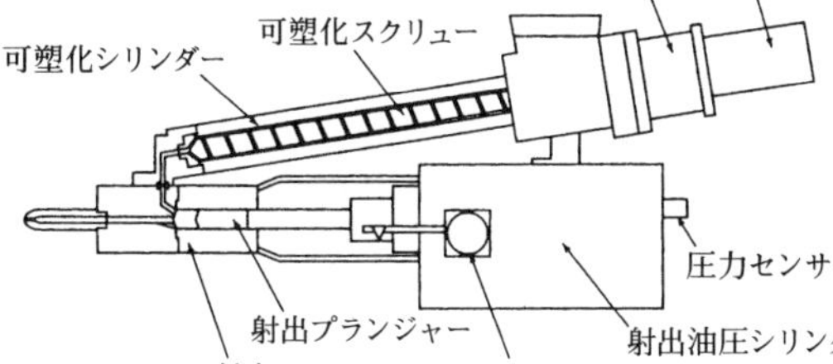
逆止シリンダー
油圧モーター
可塑化スクリュー
可塑化シリンダー
圧力センサー
射出プランジャー
射出油圧シリンダー
射出シリンダー
エンコーダー

7 **AS 樹脂は、予備乾燥条件により、加水分解を起こし衝撃強さが損なわれることがある。**

解答 **誤**

解説

AS 樹脂は分子中にエステル結合がないので、予備乾燥条件が不適な場合でも加水分解して衝撃強さがそこなわれることはない。ただし、予備乾燥条件が不適であると銀条が発生することはある。

8 **黒色、黄色及び緑色に着色された同質の成形材料を使用して、同じ金型で成形する場合、効率的な色替えの順序は、黒色→黄色→緑の順である。**

解答 **誤**

解説

材料替えおよび色替えは、成形技能を多く要する項目である。その中で本題のように同質材料の場合の効果的色替えの順序は、比較的容易な技能である。

この場合は原則である「淡色から濃色へ」を適用すればよい。

従って、本題の 黒色→黄色→緑色 は原則にかなっていないので誤である。

9 プラスチック成形品の仕上げ研磨に使われる綿ネルバフには、直径20〜60cm、厚み2〜4cmの大きさのものがある。

解答 正

解説
　プラスチックのバフ研磨には、単なる艶出しに使う仕上げバフと、型きず、すりきずなどを落とす荒バフがあるが、そのサイズは直径20〜60cm、厚み2〜4cmの大きさのものが使われている。

10 穴の中心間隔（ピッチ）を測定する器具をピッチゲージという。

解答 誤

解説
　本問題に提示された穴の中心間隔を測定する器具はノギス、マイクロメータなどの実長測定器や光学的測定器、三次元寸法測定器などの精密測定器で、ピッチゲージは基準ゲージの一種である。

11 プラスチックの着色剤として使用される顔料は、一般に、透明成形品に用いられる。

解答 誤

解説
　着色剤には染料、無機顔料、有機顔料などがある。一般的に透明成形品の着色には、染料が使用される。

12 アニーリングの主目的は、寸法不良の改善である。

解答 誤

解説
　アニーリングの目的には残留応力の低減、寸法安定性の向上、耐熱性の向上などがあるが、主目的は残留応力の低減である。従って、本題は誤りである。

13 10kgの成形材料を使い、1個20gの成形品を500個成形して、良品450個を得た。このときの不良率は5％である。

解答 誤

解説
不良率は次式で表される。
　　不良率 ＝（不良品の総数 ÷ 成形総数）× 100
　　成形総数 ＝ 500個
　　不良品の総数 ＝ 500個 － 450個
　　　　　　　　＝ 50個
であるから
　　不良率（％）＝（50個 ÷ 500個）× 100
　　　　　　　　＝ 10％

14 射出成形機の射出率とは、1回に射出しうる材料の最大重量のことである。

解答 誤

解説
　射出率とは射出成形機の能力を示す一つの項目で、単位時間内にノズルから射出される溶融材料の最大容積（cm³/s）で表わし、ノズルを通過する溶融材料の速さを表わしている。計算式を下記に示す。
　　射出率（cm³/s）＝ スクリュー断面積（cm²）× スクリュー前進速度（cm/s）
　　　　　　　　　＝ 理論射出容積（cm³）÷ 射出時間（s）
　したがって、本題は誤りである。

15 射出成形機の作動油は、使用する温度が高くなると粘度が上がり劣化が進む。

解答 誤

解説
　作動油は使用する温度が高くなると粘度は下がる（小さくなる）。また、温度が高いと酸化劣化が進む。よって「粘度が上がる」という表現は誤りである。

16 プレッシャースイッチは、設定圧に達すると油圧により回路を閉鎖して、所定の圧力範囲を保つ働きをする。

解答 誤

解説
　プレッシャースイッチ（圧力スイッチ）は圧力制御弁の一つで、油圧回路の圧力が設定値まで上昇または下降すると、マイクロスイッチが作動して、電気信号を送って油圧回路を操作するものである。

17 ベント式射出成形機においては、材料替えがきわめて容易になる。

解答 誤

解説
　ベント式射出成形機を下図に示す。ベントのない通常の射出成形機に比較すると、次の特徴がある。
　①供給量を調整するためフィーダが取り付けられる
　②ベントゾーンがあるためスクリューの長さは長くなる。
そのため、通常の成形機よりは材料替えは難しくなる。

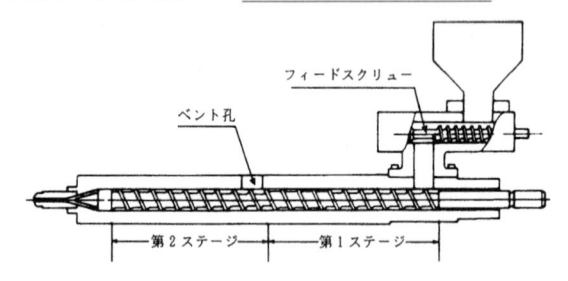

18 金型の冷却用穴のねじには、一般に、管用ねじが使用される。

解答 正

解説
　管用ねじには管用平行ねじ（JIS B0202）と管用テーパねじ（JIS B0203）がある。構造用の管には平行ねじを用い、配管用で蒸気や水などが漏れるのを考慮するときはテーパねじを用いる。金型の冷却用穴のねじには、一般に、これらの管用ねじが使用される。

19 射出成形に使用される金型部品のうち、下記のものは、いずれも日本工業規格（JIS）で規格が定められている。
(1) エジェクタピン
(2) サポートピラ
(3) 平板部品

解答 正

解説
下記のように、いずれも JIS に規定されている。

部品	JIS
エジェクタピン	B5103
サポートピラ	B5116
平板部品	B5101

20 プラスチック金型の材料として使用される鋼材 S50C は、炭素含有量 5.0％の機械構造炭素鋼のことである。

解答 誤

解説
鋼材 S50C は、プラスチック金型のおも型（固定側型板、可動側型板、受け板など）に使われており、炭素含有量は、0.45〜0.55％である。機械加工性が良好で、安価で入手できる代表的な鋼材である。

21 金属インサートの保管には、防錆剤などを塗布し、使用するときには十分に洗浄し、完全に乾燥させるのがよい。

解答 正

解説
インサート金具に切削油などが付着していると、成形品の金具周囲からクラックが発生することがあるので、保管に当たっては、防錆剤などを塗布し、使用するときには十分に洗浄し、完全に乾燥させるのがよい。

22 ポリスチレン同士の接着には、ウレタン系の接着剤が使用できる。

解答 正

解説
　ウレタン系接着剤はプラスチックの接着に適している。ポリスチレン同士の接着にも用いられる。

23 FRTPとは、ガラス繊維などを配合して強化した熱可塑性プラスチックをいう。

解答 正

解説
　FRTPは、「Fiberglass Reinforced Thermo Plastics」の頭文字をとったものであり、ガラス繊維で強化された熱可塑性プラスチックとなる。

24 下図の日本工業規格（JIS）の機械製図に定められた投影図の区別を示す記号のうち、第三角法は(2)である。

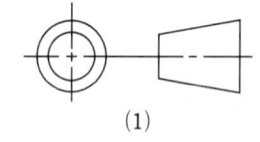

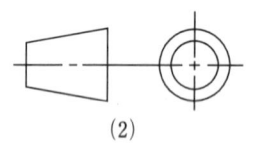

$$\text{(1)} \qquad\qquad \text{(2)}$$

解答 誤

解説
　日本工業規格の機械製図に定められている投影法での第三角法は本題に提示された図の(1)である。

25 射出成形機は、振動規制法の特定施設に指定されていない。

解答 誤

解説
　本問題に提示された騒音規制関係法令は昭和43年6月に騒音規制法、昭和51年6月に振動規制法が制定され、合成樹脂射出成形機はその政令で定められた特定施設（騒音規制法による特定施設）に指定されている。

平成28年度技能検定2級

B群（多肢択一法）

1 ボス裏のひけが出る原因はどれか。
　　イ　保圧時間が長い。
　　ロ　射出圧力が高い。
　　ハ　金型温度が低い。
　　ニ　樹脂温度が高い。

【解答】　ニ

【解説】
　イ　ゲートシールするまで保圧時間まで保圧をかけるとひけにくい。
　ロ　射出圧力、特に保圧を高くするとひけにくい。
　ハ　金型温度を低くすると、型面と接触する樹脂層が速く固化するのでひけにくい。
　ニ　樹脂温度が高いと、型内での体積収縮が大きくなるのでひけやすい。
従って、ボス裏にひけが発生する原因はニである。

2 計量に関する記述として、誤っているものはどれか。
　　イ　スクリューの計量は、射出体積の20～80％で使用するのがよい。
　　ロ　小型成形機（型締980kN（100tf）以下）では、クッション量を3～7mmくらい取ればよい。
　　ハ　スクリュー背圧をかけてもかけなくても、計量密度に変わりはない。
　　ニ　スクリュー背圧をかける時は、0.98～2.94MPa程度がよい。

【解答】　ハ

【解説】
　ハについて、溶融樹脂には体積圧縮性があるので、背圧をかけないと計量された溶融樹脂の密度は小さくなる傾向があるので誤りである。イ、ロ、ニはいずれも正しい。

105

3 高密度ポリエチレン成形材料の色替えとして、材料のロスが少ないのはどれか。
  イ 加熱筒温度を成形温度よりも高くして行う。
  ロ 背圧を高くしてスクリュー回転で行う。
  ハ 計量は少なめ、射出速度は速めで回数を多くする。
  ニ 計量は多め、射出圧力は高めで行う。

解答 ハ
解説
　加熱筒温度は成形温度より 10～15℃ 低くして、計量を少なめ、射出速度は速めで回数を多くすると材料ロスは少なくなる。従って、正解はハである。

4 成形品が離型しにくくなる原因として、誤っているものはどれか。
  イ 射出圧力が高く、射出時間が長い。
  ロ 保圧が低く、時間が短い。
  ハ 金型の抜き勾配が少ない。
  ニ 金型のキャビティ、コアの磨きが悪い。

解答 ロ
解説
　ロについて、保圧が低く、保圧時間が短いと離型しやすくなるので、離型しにくくなる原因としては誤りである。イ、ハ、ニはいずれも離型しにくくなる原因である。

5 金型のベント不良に起因する不良現象として、正しいものはどれか。
  イ クレージング
  ロ ショートショット
  ハ はく離
  ニ ジェッティング

解答 ロ
解説
　ロについて溶融樹脂が充填するときに、流動先端のガスがベントされないと、流動先端のガス圧が高くなるのでショートショットになることがある。

クレージング、はく離不良、ジェッティングなどはベント不良に起因するものではない。

6 めっきをするプラスチック素材として、次のうち最も適しているものはどれか。
　　イ　ABS樹脂
　　ロ　ポリスチレン
　　ハ　ポリプロピレン
　　ニ　ポリカーボネート

(解答)　イ

|解説|
　ABS樹脂はブタジエンゴムを含むポリマーアロイである。ABS成形品を化学エッチングすると、成形品の表面層のブタジエンゴムが溶出するため、微細孔が形成される。これにめっき処理すると、微細孔がアンカーの効果となり、めっき膜が密着する。イ～ニで最もめっきに適した素材はイのABS樹脂である。

7 測定器の取扱いに関する記述として、適切でないものはどれか。
　　イ　ノギスの止めねじは、測定時は緩めておく。
　　ロ　マイクロメータの測定では、使用前に必ず零(0)点を合わせる。
　　ハ　ダイヤルゲージは、使用目的に合った測定子を選ぶ。
　　ニ　成形品の選別検査には、基準ゲージを使用する。

(解答)　ニ

|解説|
　イ、ロ、ハは、ノギス、マイクロメータ、ダイヤルゲージの取扱いの基本的な事項である。
　ニの基準ゲージには、栓ゲージ、ねじゲージ、ピッチゲージ、テーパゲージ、ブロックゲージなどがあり、上記測定器を含め、工作機械や工業機器の寸法基準として使われている。
　成形品の選別検査には、限界ゲージが使われる。
　従って、本題の正解は、ニである。

8 下図に示す形状の成形品重量として、正しいものはどれか。
ただし、比重は 1.1 とし、各計算値は、小数点以下第 2 位を四捨五入し、少数点以下第 1 位までとする。

　　イ　1.7g
　　ロ　3.3g
　　ハ　6.6g
　　ニ　13.2g

解答　ロ

解説

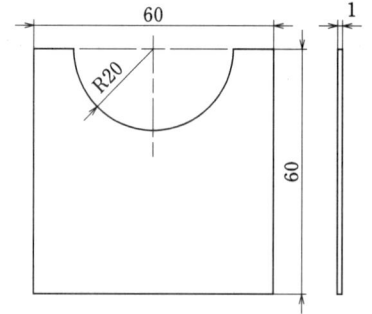

本題に提示された図の成形品重量は、次式で求められる。
図を 2 倍にして計算しそれを 2 で割ると良い。

$$\left\{\frac{(6 \times 12) - (2 \times 2 \times 3.14)}{2} \times 0.1\right\} \times 1.1 = 3.269 \fallingdotseq 3.3 \text{ (g)}$$

従って、図の成形品の重量は、ロの 3.3 g である。
（注）JIS では、現在重量は、質量に変わっている。

9 電動式射出成形機に使用されているボールねじに関する記述として、正しいものはどれか。

　　イ　ボールねじの潤滑剤は、一般にマシン油を使用する。
　　ロ　ボールねじでは、特別な防塵装置は必要ない。
　　ハ　ボールネジは、サーボモータの回転を直進運動に転換する働きをする。
　　ニ　ボールねじを予備品と交換する場合には、ねじ軸とナットを個別に交換する。

解答　ハ

解説

電動式射出機にとって、ボールねじと AC サーボモータは最重要部品である。図のような構造をしており、射出成形機を駆動するごとに、常に相当な負荷がかかっている。材質、機構も深く検討されたものであり、どこでも簡単に製造できない。現在も製作メーカーは数社である。従って取扱いには、

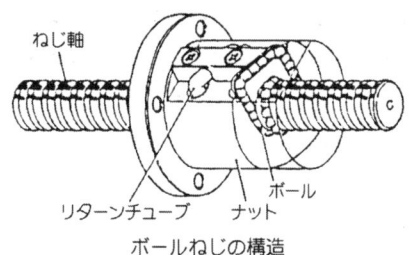

図：ねじ軸、リターンチューブ、ボール、ナット
ボールねじの構造

十分留意しなければならない。

保守管理は容易でなく、ロは製品に施してあり、イ及びニは、成形技能者ではカバーできない、専門技術者が対応することになる。

そしてボールねじの機能（役割）は、サーボモータの回転を直線運動に変換するものである。従って、本題の記述の中で、正しいのはハである。

10 成形機の型締め機構に関する記述として、誤っているものはどれか。
　　イ　直圧式成形機の型開力は、型締力より小さい。
　　ロ　補助シリンダ式型締装置は、トグル式型締装置の一種である。
　　ハ　ブースターラム式型締装置は、型締速度を高速にする装置である。
　　ニ　シングルトグル式型締装置は、小型の成形機に多く使われている。

解答 ロ

解説

型締装置に関する基本的な問題である。型締装置には油圧式とトグル式がある。

　イ．油圧式のラム式型締装置における型締力と型開力の大きさであるが、明らかに型開力のほうが低い。
　ロ．補助シリンダー式は、油圧式に用いられる装置である。
　ハ．ブースター式は、油圧式のラムの中心に細くて長い小径（ブースターラム）を設け、型締速度を速めるものである。
　ニ．シングルトグル式は、型締力は大きくならないが、動作が速く機構も簡単なので小型の成形機に多く使われている。

従って、本題の型締め機構に関する記述として誤っているのは、ロの補助シリンダー式型締装置は、トグル式型締装置の一種である。

11 次の記述中の（　　）内に入る語句として、適切なものはどれか。

　油圧回路に使用する圧力制御弁には、リリーフ弁、レデューシング弁、アンロード弁、（　　）などがある。

　　イ　アキュムレータ
　　ロ　シーケンス弁
　　ハ　フローコントロール弁
　　ニ　ソレノイド弁

解答　ロ

解説

　油圧回路に使用する圧力制御弁には、リリーフ弁、レデューシング弁（減圧弁）、アンロード弁、シーケンス弁がある。

　従って、本題に提示された（　　）内に入る語句として適切なものは、ロのシーケンス弁である。

12 20Ωのヒータを100V電源で2時間使用した場合、電力量（Wh）はいくつか。

　　イ　500 Wh
　　ロ　1000 Wh
　　ハ　2000 Wh
　　ニ　2500 Wh

解答　ロ

解説

　オームの法則では
　　$E = R \times I$
　　E：電圧（ボルト）　R：抵抗（オーム）　I：電流（アンペア）
　電力P（ワット）は次式で求められる
　　$P = E \cdot I$
　　　$= E \cdot (E / R)$
　　　$= E^2 / R$
　　　$= (100)^2 / 20$
　　　$= 500 \text{ W}$

従って、電力量は 1000 Wh (= 500 W × 2 hr) となる。

13 次の記述中の（　　）内に入る語句として、適切なものはどれか。
　　射出速度や射出圧力など、制御する対象となる要素の数値を、あらかじめ設定した順序に従って、次々と変化させている制御方式を（　　）という。
　　　イ　シーケンス制御
　　　ロ　定値制御
　　　ハ　プログラム制御
　　　ニ　追従制御

【解答】　ハ
【解説】
　シーケンス制御はあらかじめ定められた順序にしたがって、制御の各段階を逐次進めていく制御法である。目標値が一定値である場合のプロセス制御を定値制御という。目標値が任意の時間変化する場合の制御が追従制御という。本文章はハのプログラム制御が適切である。

14 射出成形機の動作で油圧ユニットが使われないものはどれか。
　　　イ　電動射出成形機のドアの自動開閉
　　　ロ　金型のネジ抜き装置の作動
　　　ハ　金型の中子装置の作動
　　　ニ　ホットランナーのバルブゲート

【解答】　イ
【解説】
　ロ　金型のねじ抜き装置の作動、ハ　金型の中子装置の作動、ニ　ホットランナーのバルブゲートなどの動作は油圧ユニットを用いるのが一般的である。イ　電動式射出成形機のドアの自動開閉は、一般的にサーボモータの回転をボールネジによって直進運動に変換して行う。

15 成形付属設備のうち、材料の乾燥に直接関係がないものはどれか。
　　イ　ホッパドライヤー
　　ロ　箱型乾燥機
　　ハ　ホッパローダ
　　ニ　真空乾燥機

【解答】　ハ

【解説】
　材料の乾燥は、成形前処理として欠かすことができない工程である。
　汎用プラスチックをはじめとする多くの材料は、ホッパ内で乾燥可能なホッパドライヤーを用いる。少量生産の場合には、箱形乾燥機を用いる。ポリアミドや高機能樹脂（スーパーエンプラ）などは、除湿乾燥機または真空乾燥機を用いる。ホッパローダは、材料をホッパ内に供給するのが主目的の装置で、乾燥はできない。
　従って、本題の材料乾燥に関係ない設備は、ハのホッパローダである。

16 射出成形用金型の標準的な構成要素として、誤っているものはどれか。
　　イ　キャビティ部
　　ロ　材料の流動機構
　　ハ　成形品の突出し機構
　　ニ　型開閉機構

【解答】　ニ

【解説】
　イ　キャビティ部、ロ　スプル、ランナ、ゲートなどの材料の流動機構、ハ　成形品の突出し機構などは金型の標準的な構成要素である。ニ　型開閉機構は射出成形機の構成要素である。

17 突出しピンを早戻しする理由はどれか。
　　イ　インサート成形をするため。
　　ロ　成形品を固定型に残すため。
　　ハ　サブマリンゲートを切断するため。
　　ニ　ピンゲートを切断するため。

解答 イ

解説

突出しピンを早戻しする理由としては次のことがある
① インサート成形では早戻しして金具を挿入する。
② アンダーカットのある成形品では、早戻ししてスライドコアの衝突を避ける。

従って、正解はイである。

18 日本工業規格（JIS）の「プラスチック用金型のロケートリング」に関する記述として、誤っているものはどれか。
　　イ　国際標準化機構（ISO）規格を基にして作成された規格である。
　　ロ　プラスチック用射出金型に適用される。
　　ハ　材料は、鋼でなければならない。
　　ニ　ロケートリングの外径寸法は規定しているが、内径寸法は規定していない。

解答 ニ

解説

イ．ISO 10907-1 を基に作成された規格（JIS B5111）である。
ロ．プラスチック用射出金型に適用される。
ハ．材料は、降伏点又は耐力が 370N/㎟以上の鋼でなければならない。
ニ．ロケートリングの外径及び内径寸法は規定されている。

従って、ニが誤りである。

19 成形品の離型が困難な金型として、当てはまらないものはどれか。
　　イ　表面にへこみや傷がある。
　　ロ　表面の磨きが不充分である。
　　ハ　抜き勾配が充分である。
　　ニ　収縮率の異なる材料に変更された。

解答 ハ

解説

キャビティにへこみや傷がある場合や表面の磨きが不充分であると離型が

悪くなる。また、成形収縮率が小さい材料では離型が悪くなることがある。
従って、当てはまらないのはハである。

20 ポリプロピレンの性質に関する記述として、誤っているものはどれか。
　　イ　ヒンジ特性が悪い。
　　ロ　耐薬品性がよい。
　　ハ　耐寒性に乏しい。
　　ニ　比重が小さい。

解答　イ

解説

　ポリプロピレンは次の特徴がある。
　イ 成形時に結晶配向させることで、繰り返し曲げに強くなるのと<u>ヒンジ特性は良くなる</u>。
　ロ 結晶性プラスチックであるので、耐薬品性は優れている。
　ハ 衝撃に対する耐寒性はよくない。
　ニ 比重は 0.9 であり、プラスチックの中では小さい値である。
　従って、誤っているのはイである。

21 次の記述中の（　　）内に入る語句として、適切なものはどれか。
　　成形材料に関する一般グレードの特徴として、（　　）は、非晶性で不透明である。
　　　イ　変性 PPE
　　　ロ　PA
　　　ハ　PBT
　　　ニ　POM

解答　イ

解説

　PA、PBT、POM などは結晶性プラスチックである。変性 PPE は非晶性プラスチックであるが、ポリマーアロイであるので不透明である。適切なものはイである。

22 次の記述中の（　　）内に入る語句として、適切なものはどれか。
プラスチックは燃焼するときの状態から、その種類を判別できるが、黒煙を多く出して燃えるものは、（　　）である。
　　イ　ポリプロピレン
　　ロ　ポリエチレン
　　ハ　メタクリル樹脂
　　ニ　ABS 樹脂

解答　ニ

解説
ポリプロピレン、ポリエチレン、メタクリル樹脂などは白煙を発生して燃える。一方、分子骨格にベンゼン環を有する ABS 樹脂は黒煙を発生して燃える特徴がある。従って、適切なものは ABS 樹脂である。

23 日本工業規格（JIS）によれば、成形材料の流動性を調べる試験項目として規定されているものはどれか。
　　イ　MFR（メルトマスフローレート）
　　ロ　クリープ特性
　　ハ　アイゾット衝撃値
　　ニ　引張強さ

解答　イ

解説
MFR は、図の装置を用いて樹脂を所定の温度で溶融させたのち、所定の荷重を加えてノズルから押し出したときの質量を測定する方法である。10 分当たりの質量（g）で表す。この値が大きいほど流動性はよいことになる。クリープ特性、アイゾット衝撃値、引張強さなどは機械的性質を調べる試験項目である。

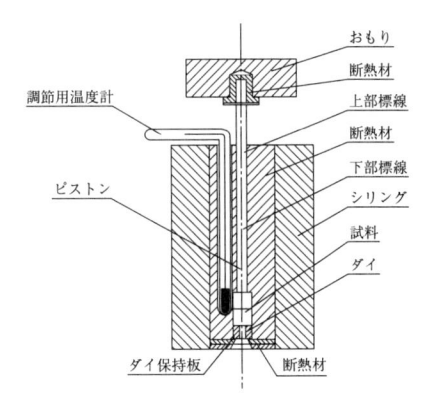

24 製図で使用される線で、かくれ線として対象物の見えない部分を表すのに用いるものはどれか。
　　イ　細い一点鎖線
　　ロ　細い破線
　　ハ　細い二点鎖線
　　ニ　波形の細い実線

解答　ロ

解説
　JIS Z8316（製図－図形の表し方の原則）では、対象物の見えない部分の形状を表すかくれ線は細い破線で表すように規定されている。

25 次の家電製品のうち、特定家庭用機器再商品化法（家電リサイクル法）の対象とされていないものはどれか。
　　イ　洗濯機
　　ロ　冷蔵庫
　　ハ　電子レンジ
　　ニ　エアコン

解答　ハ

解説
　家電リサイクル法（特定家電機器再商品化法）の対象となる製品としては次の4品目がある。
　　家庭用エアコン、テレビ、冷蔵庫及び冷凍庫、洗濯機
　電子レンジは対象にはならないので、ハである。

平成29年度技能検定
1級プラスチック成形学科試験問題
(射出成形作業)

この試験問題の転載については、中央職業能力開発協会の承諾を得ています。　　禁無断転載

A群（真偽法）

1 次の成形法と関係の深い用語の組合せは、いずれも正しい。

　　　　【成形法】　　　　　【用語】
(1)　カレンダー成形　　　金型
(2)　ブロー成形　　　　　パリソン
(3)　真空成形　　　　　　厚さ分布
(4)　インフレーション成形　サーキュラーダイ

解答 誤

解説
(1) カレンダー成形は、PVCに可塑剤、滑剤、充填剤などを混練したものをカレンダーロールでシートまたはフィルムに加工する方法であり、金型は使用しない。
(2) ブロー成形は、溶融樹脂を**パリソン**と呼ばれる中空体を押出して、ブロー**金型**で挟んでエアを吹き込んでボトル形状のものを成形する方法である。
(3) 真空成形は、シートまたはフィルムを加熱し、真空成形型で真空引きして成形する方法であり、**厚さ分布**を均一にすることが難しい。
(4) インフレーション成形は、薄い円環状の**サーキュラーダイ**から溶融樹脂を押し出して、二軸に延伸してフィルムを成形する方法である。
従って、(1)が誤りである。

2 PA12の吸湿性は、PA6よりも大きい。

解答 誤

解説
ポリアミド（PA）は酸アミド結合（-CONH）基を分子構造中に有する樹脂の総称であるが、樹脂原料によって、多くの種類があり、それぞれ異なる特性を有している。

本題に提示されたナイロン－6（PA6）およびナイロン－12（PA12）の主な特性は次表に示した。

種 類	融 点	比 重	吸水率
PA6	220℃	1.14	1.8%
PA12	176℃	1.02	0.21%

　この表の吸水率の数値を比較しても解かるように、本題に提示された吸湿性についても相対にPA6のほうがPA12より大きいことが理解される。

3 オームの法則によると、電圧が一定ならば、電流は電気抵抗の大きいものほど多く流れる。

解答 誤

解説
　オームの法則は次式である。
　　$I = E / R$
　　I：電流（アンペア）　E：電圧（ボルト）　R：抵抗（オーム）
　従って、電流Iは抵抗Rに反比例するので、電圧Eが一定ならば電気抵抗Rが大きいほど電流Iは小さくなる。従って、本題は誤りである。

4 特性要因図とは、ある特性と原因（要因）との関係を体系化して図に示したものである。

解答 正

解説
　特性要因図とは、
　　特性＝仕事の結果表れてくるもの
　　原因＝その特性に対して影響を与えるもの
を系統的に表わしたものである。
　別名魚の骨とも呼ばれている。図は射出成形における一例である。

平成 29 年度技能検定 1 級

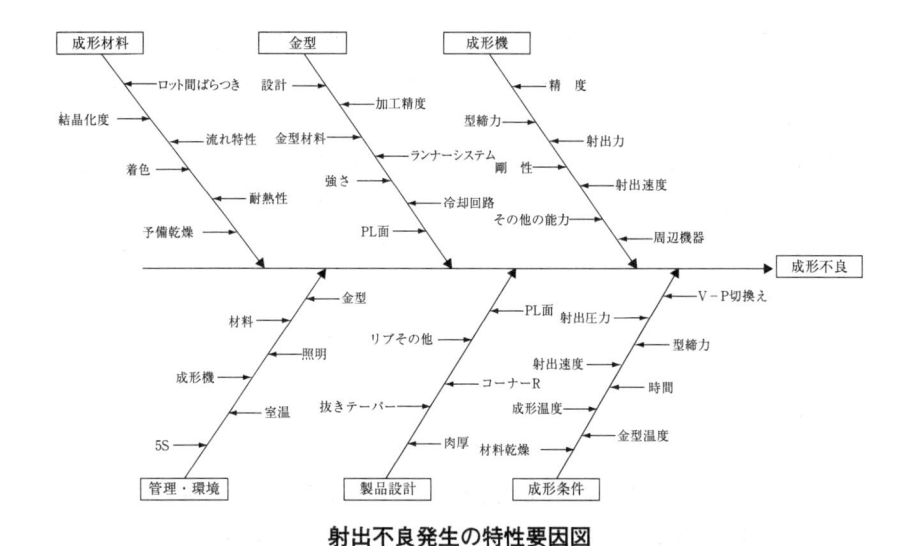

射出不良発生の特性要因図

成形材料：ロット間ばらつき、結晶化度、流れ特性、着色、耐熱性、予備乾燥
金型：設計、加工精度、金型材料、ランナーシステム、強さ、冷却回路、PL面
成形機：精度、型締力、射出力、剛性、射出速度、その他の能力、周辺機器
管理・環境：材料、金型、成形機、照明、室温、抜きテーパー、5S
製品設計：PL面、リブその他、コーナーR、肉厚、材料乾燥、抜きテーパー
成形条件：V−P切換え、射出圧力、型締力、射出速度、時間、成形温度、金型温度
→ 成形不良

5 労働安全衛生法関係法令によれば、機械と機械との間又は機械と他の設備との間に設ける通路は、幅80cm以上としなければならない。

解答　正

解説
　労働安全衛生法関係法令では、(機械間等の通路) については、「事業者は、機械間又はこれと他の設備とに間に設ける通路については、幅80cm以上のものとしなければならない（第543条）」となっている。従って、本題は正しい。

6 射出圧縮成形法やガスアシスト射出成形法における充てん圧力は、一般の射出成形法よりも低くできる。

解答　正

解説
　本題に提示された射出圧縮成形法は、通常の射出成形機を使用して、わずかに開いた状態のキャビティに材料を低圧で注入したのち型締めによって加圧するのが基本的な方法で、実際的には圧縮成形と同じような成形過程となる。
　ガスアシスト射出成形法は、金型内に射出された溶融樹脂の中に不活性ガ

121

スを注入し、保圧の代りにガス圧によって冷却に伴う体積収縮によるヒケを防止し、平滑な面を持つ成形品、もしくは肉厚の中空成形品を得る射出成形法である。

この場合のガスの注入方法としては、射出成形機の射出装置を一部改造して、ノズル部からランナーを経由する方法と、金型サイドで成形品の肉厚部を選択して、注入装置を付加する方法とに大別できる。

以上の内容から理解されるように、本題に提示された射出圧縮成形法やガスアシスト射出成形法における溶融材料の充てん圧力は、一般の射出成形法よりも低くてよい。

従って答えは"正"である。

7 射出成形において、MFR の大きいポリマーを用いる場合は、小さいものを用いる場合よりも、射出圧力を高くしなければならない。

解答 誤

解説
MFR の値が大きいということは流れやすいということであるので、射出圧力が低くても成形できる。従って、本題は誤りである。

8 POM の予備乾燥は、100〜115℃で 3〜4 時間行うのがよい。

解答 誤

解説
POM の予備乾燥条件は 80〜90℃で 3〜4 時間である。従って、本題は誤りである。

9 次のジェッティングの対策は、一般に、いずれも有効である。
(1) ゲートの断面積を大きくする。
(2) 金型温度を高くする。
(3) 射出速度を遅くする。

解答 正

解説
ジェッティングは細いゲートから高速で射出するときに発生する現象であ

る。対策はゲート断面積を大きくすること、射出速度を遅くすることである。また、金型温度は高い方が見えにくくなる傾向がある。従って、本題は正しい。

10 バラバフは、荒仕上げ、中仕上げ、鏡面仕上げなどにより平滑で光沢のある面をつくる仕上げバフである。

解答 正

解説
バラバフとは、主としてネル地布を数十枚重ねあわせたもので、荒バフ、綿バフと異なり常態では、一定形状を示さずバラの状態である。バフ研磨機で回転させると柔らかい円盤状になるものである。その作業工程は、荒仕上げ、中仕上げを行い、最終では鏡面仕上げバフにより平滑で光沢のある面をつくりだすものである。

11 ブロックゲージは、寸法測定器や測定ジグの精度測定などに多く用いられている。

解答 正

解説
ブロックゲージは長さの基準ゲージであり、寸法測定器や測定ジグの精度測定に用いられる。従って、本題は正しい。

12 マスターバッチ法とは、あらかじめ高濃度に着色したペレットを、ナチュラルペレットに混合して着色原料として使用する方法である。

解答 正

解説
マスターバッチ法は、予め着色剤を高濃度に練り込んだマスターバッチ（MB）を作り、成形するときに自然色ペレットとMBを適切な比率で混合して着色品を作る方法である。
従って、本題は正しい。

13 アニーリングとは、射出成形時に発生するストレスクラッキングの原因となる残留応力の除去などを目的として行うものである。

解答 正

解説
アニーリングは成形品を熱処理することによって残留応力を緩和する方法である。
　残留応力が大きいとストレスクラックが発生することがあるので、成形時に発生した残留応力を低減する目的でアニーリングが行われる。

14 1個20gの成形品を4500個得るのに不良品が500個発生した。また、これに要した成形材料は100kgであった。この場合の不良率は10％、歩留り率は95％である。

解答 誤

解説
　不良率（％）＝（不良品の総数／成形総数）×100
　歩留り率（％）＝（製品の総質量／材料の総投入質量）×100
ここで、不良品の総数：500個
　成形総数 ＝ 4,500個（製品）＋ 500個（不良品総数）＝ 5,000個
従って、不良率は次の通りである。
　（500個／5,000個）×100 ＝ 10％
　製品の総質量 ＝ 4,500個 × 20g
　　　　　　　 ＝ 90kg
　材料の総投入質量 ＝ 100kg
従って、歩留り率は次の通りである。
　（90g／100g）×100 ＝ 90％
従って、歩留り率95％が誤りである。

15 アキュームレーターの働きの一つとして、油圧ポンプで発生したエネルギーの蓄積がある。

解答 正

解説
アキュームレーターの目的は一定量の圧力油を蓄えることである。蓄えられる圧力油はガス圧で保持されており、大量の高圧油を瞬時に放出できるので、高速射出や型開閉の高速化が可能となる。
従って、アキュームレーターは油圧のエネルギーを蓄積する機能があるので、本題は正しい。

16 油圧駆動と電動駆動を組み合わせた射出成形機は、ハイブリッド式射出成形機と呼ばれる。

解答 正

解説
射出装置か型締装置のいずれか片方を電動駆動に、他の片方を油圧駆動にした射出成形機をハイブリッド射出成形機という。ハイブリッド式は油圧と電動の長所をくみあわせて、機能上すぐれた成形機というのが特徴である。射出側を油圧駆動に、型締側を電動駆動に採用しているものが多い。

17 電動式射出成形機には、保守点検が比較的簡単で大容量化が可能なACサーボモータが多用されている。

解答 正

解説
電動式射出成形機は大容量のACサーボモータを用い、スクリュ回転はサーボモータの回転を歯車減速機またはベルトによって駆動させ、射出や型開閉動作はボールねじにより回転運動を直進運動に変換する駆動方法をとっている。全体の操作は、コンピュータで電子制御する方式であり、油圧式射出成形機に比較して保守点検は簡単である。

18 次の機器とその機能の組合せは、いずれも正しい。

　　　　　【機器】　　　　　　　　【機能】
　(1)　ホッパローダ　　　　　材料の自動供給
　(2)　ベント式射出装置　　　可塑化中に発生するガスの除去
　(3)　重量式落下確認装置　　金型の安全確認

解答　正

解説

(1)　ホッパローダは、成形機に連動しており成形の進行状態に合わせて、ホッパへ材料を自動供給する装置である。

(2)　ベント式射出シリンダは、射出シリンダを長くして、2段スクリューを用いて1段目で加熱溶融されて発生したガスを外部に吸引して、2段目で再溶融する装置のもので、ガスが相当分除去される。

(3)　重量式落下確認装置は、1ショットの成形物（ランナーシステムも含む）を計量して安全を確認するもので、多数個取り金型には特に効果的である。

19 エジェクタスリーブは、金型の突出し機構の部品の一種で、成形品の穴付きボスなどを突き出す場合に使用される。

解答　正

解説

　図のように、エジェクタスリーブは中央に深い穴のあるボスなどを突き出すときに用いられる。
　従って、本題は正しい。

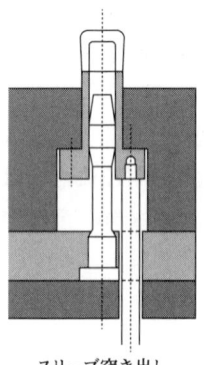

スリーブ突き出し

20 金型の冷却水用ニップルの取り付けねじには、メートル並目ねじが用いられている。

解答 誤

解説
冷却水用ニップルの取り付けねじには、通常は管用ねじが用いられる。従って、本題は誤りである。

21 成形材料に導電性を与えるには、カーボンブラック、金属繊維、炭素繊維などを混合するとよい。

解答 正

解説
カーボンブラック、金属繊維、炭素繊維などは導電性がある。これらのフィラーをプラスチックに充填すると導電性が良くなる。

22 インサート金具とプラスチックとは熱膨張係数が異なるため、インサート周辺にクラックが生じることがある。

解答 正

解説
樹脂の線膨張係数は金具(鉄、銅合金)より5～6倍大きい。樹脂と金具の線膨張係数差があるためインサート金具周りに残留応力が発生する。この残留応力が大きいとインサート金具周辺にクラックが発生することがある。

23 ABS樹脂の接着にドープセメントを用いると、溶剤だけで接着した場合に比べて肉やせが少ない。

解答 正

解説
ドープセメントは溶剤に樹脂を溶解した溶液である。ABS樹脂の溶剤接着にドープセメントを用いると、溶剤だけで接着する場合に比べて肉やせが少なくなる。従って、本題は正しい。

24 次の成形材料とその略号との組合せは、いずれも正しい。
　　　　　【成形材料】　　　　　　　　【略号】
　(1)　ポリフェニレンスルフィド　　　PBT
　(2)　ポリブチレンテレフタレート　　 PPS
　(3)　ポリエチレンテレフタレート　　 PET

解答 誤

解説
　(1)　ポリフェニレンスルフィド：PPS (Polyphenylene sulfide)
　(2)　ポリブチレンテレフタレート：PBT (Polybutylene terephthalate)
　(3)　ポリエチレンテレフタレート：PET (Polyethylene terethalate)
従って、(1)、(2)が誤りである。

25 家庭用品品質表示法関係法令によれば、プラスチック製の文房具、玩具及び楽器は、いずれも品質表示を行わなければならない。

解答 誤

解説
　消費者がその購入に際し、品質を識別することが困難で特に品質を識別する必要性の高いものが「品質表示の必要な家庭用品」として、家庭用品品質表示法により表示が義務付けられている。文房具、玩具、楽器などは対象にはならない。

B群（多肢択一法）

1 射出圧力の算出として正しいものは、次のうちどれか。ただし、射出圧力をP、油圧をP_0、射出ラム断面積をA、スクリュー断面積をA_0とする。

 イ $P = P_0 \times A_0 / A$
 ロ $P = A \times A_0 / P_0$
 ハ $P = P_0 \times A / A_0$
 ニ $P = A \times A_0 \times P_0$

【解答】　ハ

【解説】
　油圧P_0で射出ラム面積Aの場合は、射出力（W_1）は（$P_0 \times A$）である。一方、射出圧力Pでスクリュー断面積A_0の場合は、射出力（W_2）は（$P \times A_0$）である。ここで、W_1とW_2は等しくなければならないから

  $P_0 \times A = P \times A_0$

従って

  $P = P_0 \times A / A_0$

である。

　ハが正解である。

2 射出成形条件と成形品の品質に関する記述として、誤っているものはどれか。

 イ ABS樹脂成形でジェッティングの対策として、充てん速度を低速にするとよい。
 ロ ABS樹脂成形でガス焼けは、射出速度の重要度が高い。
 ハ ABS樹脂成形で金型温度を高くすると、フローマークは目立ちにくくなる。
 ニ ひけ防止対策の成形条件は、保圧を低くし保圧時間も短くするとよい。

【解答】　ニ

【解説】
　イ、ロ、ハはいずれも正しい。ひけを防止するには、保圧を高くし、保圧

時間はゲートシール時間より少し長くする。従って、ニが誤りである。

3 成形作業中の加水分解を防ぐ目的で、予備乾燥が必要な成形材料はどれか。
   イ　ABS 樹脂
   ロ　PBT
   ハ　AS
   ニ　PE

解答　ロ

解説

　PBT は分子中にエステル結合を有するので、成形時に水分によって加水分解する。そのため、PBT では加水分解を防ぐため限界吸水率以下に予備乾燥しなければならない。ABS 樹脂、AS 樹脂、PE はエステル結合を有していないので加水分解しない。

4 材料替えに関する記述として、誤っているものはどれか。
   イ　パージ材は、スクリュー、シリンダなどとのはく離性のよいものを選ぶ。
   ロ　次に成形する材料を考えてパージ材を選ぶ。
   ハ　成形する材料をパージ材として使用する場合、できるだけ粘度の低いものを選ぶ。
   ニ　パージ中は、適度に背圧をかける。

解答　ハ

解説

　イ、ロ、ニはいずれも正しい。次に成形する材料をパージ材として使用する場合、できるだけ粘度の高いものを用いるほうがパージしやすい。従って、ハが誤りである。

5 ABS樹脂成形品に生じる黒条の原因として、誤っているものはどれか。
　　イ　射出速度が遅い。
　　ロ　滞留時間が長い。
　　ハ　シリンダ温度が高すぎる。
　　ニ　スクリュー背圧が高すぎる。

(解答)　イ

|解説|

　黒条不良はゲートから流れ方向に黒い焼け筋が走る現象である。シリンダ内での滞留時間が長すぎる場合、シリンダ温度が高すぎる場合、スクリュ背圧が高すぎる場合などに、樹脂が熱分解して発生することが多い。射出速度が遅い条件では本不良は発生しないので、イが誤りである。

6 GPPSの成形時の割れ防止対策として、適切でないものはどれか。
　　イ　冷却時間を長くする。
　　ロ　金型温度を上げる。
　　ハ　シリンダ温度を上げる。
　　ニ　保圧を下げ、保圧時間を短くする。

(解答)　イ

|解説|

　GPPSはプラスチックの中では、最も脆く割れ易い材料である。成形条件としては、型内で固化後にまだ成形品の温度が比較的高くて粘りのある状態で離型するほうが割れにくい。また、離型抵抗は低いほうが離型時に割れにくい。従って、次の条件でするのがよい。
　イ．冷却時間を長くすると冷却が進むため脆くなるので、離型可能な範囲で短いほうがよい。
　ロ．金型温度を高くするほうが、離型時の成形品温度が高くなるので割れにくい。
　ハ．シリンダ温度を高くすると、流動性がよくなるので、射出圧を低くできる。
　ニ．保圧は低く、保圧時間は短いほうがオーバパッキングになりにくい。
従って、適切でないのはイである。

7 二次加工に関する記述として、誤っているものはどれか。
　　イ　パッド印刷は、曲面の印刷に多用されている。
　　ロ　真空蒸着は、蒸着膜を厚くできるので簡単にははく離しない。
　　ハ　ホットスタンピングは、熱転写印刷の一種である。
　　ニ　シルクスクリーン印刷は、他の印刷方法に比較してインキの転移が多い。

解答　ロ

解説

パッド印刷はタンポ印刷とも呼ばれ、図のように局面の印刷に適用される。

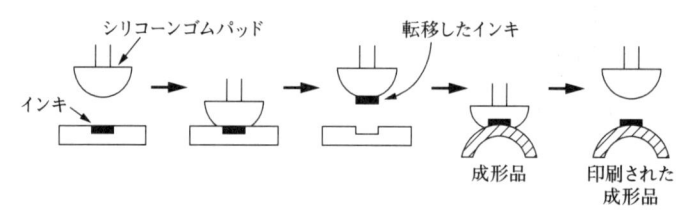

真空蒸着は、図のように高真空中でアルミニウム、銀、亜鉛などの金属を加熱蒸発させ、これを成形品表面に析出させる方法である。真空蒸着の蒸着膜厚は薄く、膜密着性は良くないので剥離しやすい。

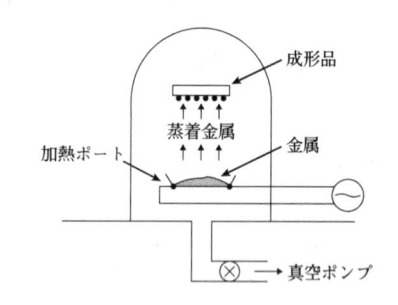

ホットスタンプはホットスタンプ箔を加熱圧着して成形品に圧着接着する熱転写印刷法である。

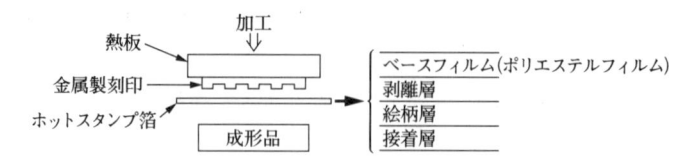

132

シルクスクリーン印刷は図のように印刷する方法であり、他の印刷法に比較してインキ膜を厚く印刷できる利点がある。

従って、誤っているのはロである。

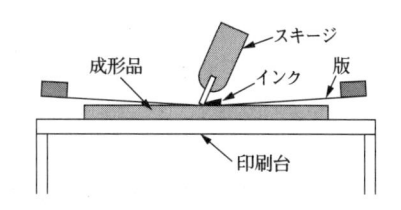

8 文中の下線部のうち、誤っているものはどれか。

三次元測定器は、測定点検出器が互いに直角なＸ軸、Ｙ軸、Ｚ軸
　　　　　　　　　　　　　　　　　　　　　　　イ
の各軸方向に移動し、空間座標を読みとることができる測定器で
　　　　　　　　　　　ロ
あり、同軸度、直角度、表面粗さや形状の複雑な測定対象物を能
　　　ハ　　　　　　　ニ
率よく測定できる万能型測定器である。

[解答] ニ

[解説]
三次元測定機は測定点検出器（プローブ）を用いてＸ軸、Ｙ軸およびＺ軸方向に操作して二次元および三次元の座標・寸法・形状などを測定するものである。表面粗さの測定には適さない。従って、誤っているのはニである。

9 材料の着色剤及び着色法に関する記述として、誤っているものはどれか。

イ　着色ペレット法は、着色剤の分散が最も優れている。
ロ　顔料は、プラスチックに溶けず、微結晶粒子が拡散した形で着色する。
ハ　一般に、染料は不透明な成形品の着色に用いられる。
ニ　ドライカラーリング法は、ABS樹脂の着色に用いられる。

[解答] ハ

[解説]
イ．着色ペレット法は押出機を用いて樹脂と着色剤を溶融混練したのちペレットにする方法であり、着色剤の分散性は優れている。
ロ．無機顔料、有機顔料などはプラスチックには溶けず、超結晶微粒子が分散することで着色される。
ハ．染料は透明な成形品の着色に用いられる。

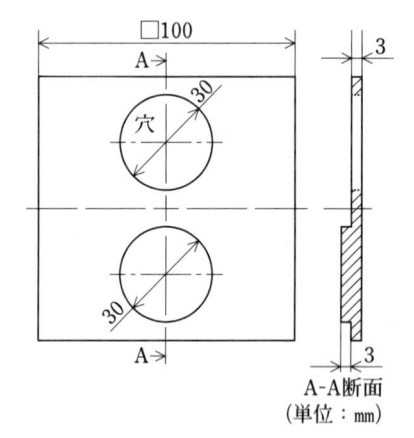

ニ．ドライカラーリング法は、樹脂原料表面に着色剤を付着させた成形材料を用いて着色成形品を作る方法であり、ABS樹脂の着色に用いられる。
従って、誤っているのはハである。

10 下図の成形品の質量として最も近いものはどれか。ただし、比重は1.2、$\pi = 3.14$ とする。

　イ　30 g
　ロ　36 g
　ハ　48 g
　ニ　60 g

解答　ロ

解説
穴の部分の体積と凸部の体積は同じであるので、次のように計算する。
　全体積 ＝ 10cm × 10cm × 0.3cm
　　　　 ＝ 30cm³
質量は、次のように計算する。
　質量 ＝ 全体積 × 比重
　　　 ＝ 30cm³ × 1.2
　　　 ＝ 36 g
最も近いのはロである。

11 サックバック装置に関する記述として、誤っているものはどれか。
　イ　サックバック装置は、成形材料の計量が完了した後、スクリューを後退させて、ノズルから鼻たれ（ドルーリング）を防止することを目的としている。
　ロ　サックバック装置は、計量を安定させるために使用される。
　ハ　サックバック装置を装備した射出成形機には、オープンノズルが使用される。
　ニ　サックバック量が多い場合、シルバーストリークの発生原因になることがある。

【解答】ロ

【解説】
オープンノズルの場合にノズルから鼻たれするのを防止するために、計量完了後にスクリューを強制後退させる。そのためにサックバック装置が搭載されている。しかし、サックバック量が大き過ぎるとノズルからエアを吸い込むため、シルバーストリークの発生原因になることがあるので注意しなければならない。サックバック装置は計量の安定には関係しない。
　従って、誤っているのはロである。

12 電動射出成形機に関する記述として、誤っているものはどれか。
　イ　全電動射出成形機のサーボモータは、6か月に1回程度のグリース補給が必要である。
　ロ　全電動射出成形機の射出装置におけるモータの回転運動は、ボールねじ等を介して直進運動に変換される。
　ハ　全電動射出成形機の動作は、クローズドループ制御が一般的である。
　ニ　全電動射出成形機の型締機構は、トグル式が多い。

【解答】イ

【解説】
全電動射出成形機については、ロ、ハ、ニは適切である。サーボモータは給油の必要はない。従って、イが誤りである。

13 日本工業規格（JIS）によれば、下図に示す圧力制御弁のうち、減圧弁はどれか。

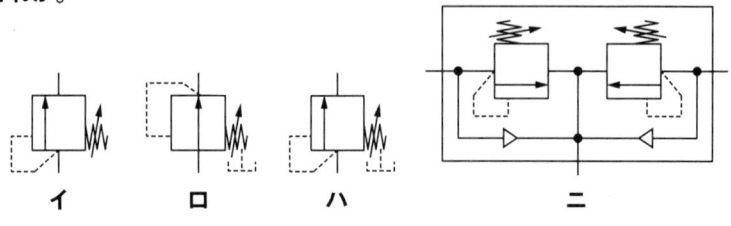

　　イ　　　　ロ　　　　ハ　　　　ニ

解答　ロ

解説

　圧力制御弁とはポンプからの吐出圧を調整したり、2次的に発生した圧力を逃がし機械的損傷を防ぐ目的に使用される。圧力制御弁としてはリリーフ弁（安全弁）、減圧弁、シーケンス弁、アンロード弁、カウンターバランス弁、ブレーキ弁、バランシング弁などがある。JIS B0125 によれば、圧力制御弁の油圧図記号は次の通りである。

　　イは、リリーフ弁

　　ロは、減圧弁

　　ハは、シーケンス弁

　　ニは、ブレーキ弁

　従って、正解はロである。

14 下図の回路のときの電流計Ⓐが示す電流値として、正しいものはどれか。

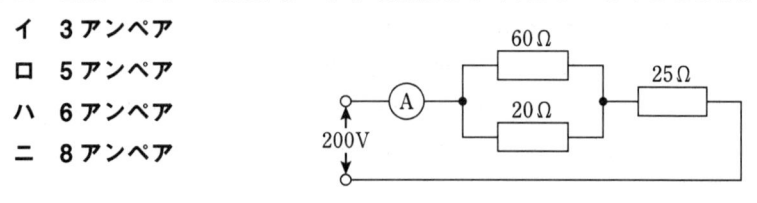

　　イ　3アンペア
　　ロ　5アンペア
　　ハ　6アンペア
　　ニ　8アンペア

解答　ロ

解説

　合成抵抗は次式で計算する。

$$\text{合成抵抗} = \cfrac{1}{\left(\cfrac{1}{60}+\cfrac{1}{20}\right)} + 25$$
$$= 40\,\Omega$$
電流 (A) = 電圧 (V) ÷ 抵抗 (Ω)
$$= 200\text{V} \div 40\,\Omega$$
$$= 5\text{A}$$

従って、正しいのはロである。

15 文中の下線部のうち、誤っているものはどれか。

クローズドループ制御とは、現在値を検出してフィードバックし、
　　　　　　　　　　　　　イ　　　　　　　　　　ロ
目標値との間に制御偏差が生じると、制御装置が補正動作を行う
　　　　　　　　　　　　　　　　ハ
制御方式で、シーケンス制御ともいう。
　　　　　　　　ニ

(解答) ニ

|解説|

クローズド制御とは、図のように、制御量を検出してフィードバックし、目標値との間に制御偏差が生じると、制御装置が補正動作を行う方式でフィードバック制御とも言われる。従って、ニのシーケンス制御が誤りである。

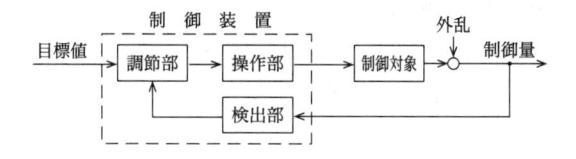

16 成形材料の混合・混練に使用される装置として、誤っているものはどれか。

　　イ　ブレンドローダー
　　ロ　磁気セパレーター
　　ハ　ニーダー
　　ニ　ミキサー

(解答) ロ

解説
イ．ブレンドローダーは2種以上の材料を混合して輸送する装置である。
ロ．磁気セパレーターは材料中の金属異物を検出・除去する装置である。
ハ．ニーダーは樹脂に添加剤、他樹脂などを溶融混練する装置である。
ニ．ミキサーは樹脂に添加剤、着色剤、充填材などを混合する装置である。
従って、混合、混練に使用されないのはロである。

17 金型構造に関する記述として、正しいものはどれか。
イ　ダイレクトゲート方式の金型は、3プレート構造である。
ロ　ストリッパ突出し方式の金型では、サポートピラを用いる必要がない。
ハ　ストリッパ突出し方式の金型では、スペーサブロックのない形式もある。
ニ　ホットランナ方式の金型には、ランナストリッパが必要である。

解答　ハ

解説
イ．ダイレクトゲート方式の金型は、2プレート構造である。
ロ．サポートピラは、可動側型板の底面の射出圧力による、瞬間的なたわみを防止するために取り付けられる支柱のことである。ストリッパ突き出し方式の金型でもサポートピラは必要である。
ハ．ストリッパ突き出し方式の金型では、スペーサブロックのない形式もある。
鎖またはリンクで固定型側板とストリッパプレートを連結して型開き時に成形品を突き出す方式ではスペーサブロックは必要がない
ニ．ホットランナー方式の金型には、ランナはないのでランナストリッパーの必要はない。
従って、正しいのはハである。

18 文中の(　)内に入る語句として、適切なものはどれか。
　　金型の固定側型板と可動側型板の相互の位置を正確に決めるために
　　(　)が使われる。
　　　　イ　テーパーロック
　　　　ロ　スプルーロックピン
　　　　ハ　ランナーロックピン
　　　　ニ　エジェクタガイドピン

解答　イ
解説

金型の固定側型板と固定側型板の相互の位置を正確に決めるには、図に示すようなテーパーロックが使用される。

従って、適切なものはイである。

19 日本工業規格(JIS)の「モールド用サポートピラ」に関する記述として、誤っているものはどれか。
　　　　イ　直径の寸法公差の幅は、全長の寸法公差よりも狭い。
　　　　ロ　サポートピラの表示は、規格名称、規格番号、種類又はその記号、外径及び長さを表示しなければならない。
　　　　ハ　形状は、A形及びB形の2種類がある。
　　　　ニ　外径寸法は、φ25～φ80までの6種類がある。

解答　イ
解説

JIS B5116 に「モールド用サポートピラ」が規定されている。これによれば、

イ　下表のように直径の寸法公差の幅は、全長の寸法公差よりも広い。

	直径の公差	全長の公差
A形	$\phi D_{-0.2}^{0}$	$L_{-0.05}^{+0.15}$
B形	$\phi D_{-0.2}^{0}$	$L_{-0.05}^{+0.15}$

ロ　サポートピラの表示は、規格名称、規格番号、種類または記号、外径及び長さを表示しなければならない。

ハ　形状は、上表のようにA形及びB形の2種類がある。

ニ　外径寸法は、$\phi 25 \sim \phi 80$ までの6種類がある。

従って、誤っているのはイである。

20 プラスチック用金型の取扱いと保管に関する記述として、誤っているものはどれか。

イ　金型を長期間保管する場合、防錆剤としてグリースオイルは適さない。

ロ　長期間連続成形する場合でも、定期的な点検が必要である。

ハ　成形品のばりは次第に大きくなるので、早めに金型を修理しなければならない。

ニ　ランナロックピンのアンダーカットが摩耗すると、ランナは取り出しやすくなる。

解答　ニ

解説

イ．グリースオイルは水分を含んでいるので、金型の防錆油には適さない。

ロ．長期間連続成形する場合でも、摩耗、かじり、傷などが発生することがあるので定期点検は必要である。

ハ．いったんばりが発生すると、樹脂が入り込みばりは大きくなるので、早めに修理しなければならない。

ニ．ランナロックピンのアンダーカットが摩耗すると、ランナは取り出しにくくなる。

従って、誤っているのはニである。

21 文中の（　）内に入る語句として、適切なものはどれか。
　　熱可塑性プラスチックの衝撃強さはアイゾット衝撃値で表すが、最も高い値の材料は（　　）である。
　　　イ　PC
　　　ロ　PMMA
　　　ハ　変性PPE
　　　ニ　AS樹脂

解答　イ

解説
各プラスチックのアイゾット衝撃値（ノッチ付）次のとおりである。

　　　　　衝撃値（J/m　ノッチ付き）
PC　　　　　　　　700〜800
PMMA　　　　　　 20〜100
変性PPE　　　　　 100〜300
AS樹脂　　　　　　20〜60

22 次のプラスチックのうち、密度が最も高いものはどれか。
　　　イ　POM
　　　ロ　ABS樹脂
　　　ハ　PPE
　　　ニ　PC

解答　イ

解説
それぞれの樹脂の密度は下記の通りである。
　　　　　密度（g/cm³）
イ　POM　　　　　1.40〜1.42
ロ　ABS樹脂　　　 1.01〜1.05
ハ　PPE　　　　　 1.04〜1.10
ニ　PC　　　　　　1.2

従って、密度が最も高いのはイである。

23 日本工業規格（JIS）におけるポリエチレンの材料試験方法として、対象とならないものはどれか。
- イ　MFR
- ロ　引裂試験
- ハ　引張試験
- ニ　曲げ試験

解答　ロ

解説

ポリエチレンの材料試験方法であるJIS K6922にはMFR、引張試験、曲げ試験などが規定されているが、引裂試験はない。引裂試験方法はフィルムの試験（JIS7128）で規定されている。

24 日本工業規格（JIS）の製図における寸法線で、弧の長さを示すものとして、正しいものはどれか。

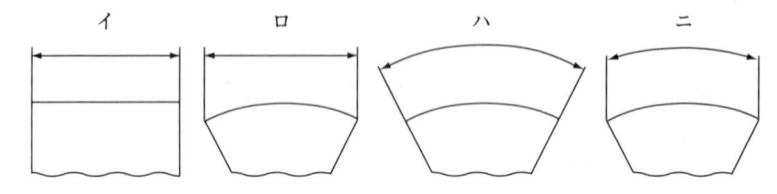

イ　　　　ロ　　　　ハ　　　　ニ

解答　ニ

解説

イは辺の長さ寸法を示す。ロは弦の長さ寸法を表す。ハは角度寸法を表す。ニは弧の長さ寸法を表す。

従って、弧の長さを示すのはニである。

25 文中の（　）内に入る数値として、正しいものはどれか。
振動規制法の特定施設に指定されているエアコンプレッサの原動機の定格出力は、（　）kW 以上である。

　　イ　5.5
　　ロ　6.5
　　ハ　7.5
　　ニ　8.5

【解答】ハ

【解説】
　エアーコンプレッサーの原動機の定格出力が 7.5kW 以上であると、振動規制法の特定施設として適用を受ける。従って、正しいのはハである。

ианов
平成29年度技能検定
2級プラスチック成形学科試験問題
(射出成形作業)

この試験問題の転載については、中央職業能力開発協会の承諾を得ています。　　禁無断転載

A群（真偽法）

1 一般に、家庭用シャンプーのプラスチック容器は、ブロー成形で造られる。

解答 正

解説
シャンプー容器のようにびん形状の成形品は、下図のようにブロー成形法で成形される。

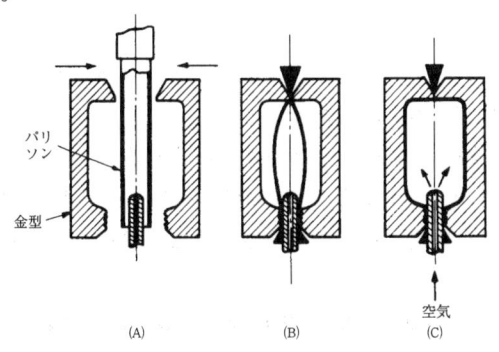

2 一般に、熱可塑性樹脂は、熱硬化性樹脂よりも、耐熱性、耐溶剤性が優れている。

解答 誤

解説
図のように、熱硬化性樹脂の分子は橋掛け構造（架橋構造）であるので、一般的に熱可塑性樹脂より耐熱性や耐溶剤性は優れている。従って、本題は誤りである。

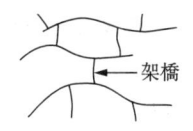

3 300Wの電熱器と600Wの電熱器では、供給する電圧値が同じであれば、電熱器に流れる電流値は同じである。

解答 誤

解説
電力P（ワット）と電圧E（ボルト）、電流I（アンペア）の関係は次式で表される。

$P = E \cdot I$

従って、

　　$I = P / E$

になる。従って、電圧 E が同じであれば、電熱器の電力が 300W の場合に比較して 600W では電流値は 2 倍になる。

4 ｜ 抜取検査とは、検査ロットのすべての製品について行う検査をいう。

解答　誤

解説

本問題に提示された、検査ロットの中のすべての検査単位について行う検査は全数検査と呼ばれる方法である。

これに対して、検査ロットから、あらかじめ定められた抜取検査方式に従ってサンプルを抜き取って試験し、その結果をロットの判定基準と比較して、そのロットの合格を判定する検査は抜取検査と呼ばれる方法である。

5 ｜ 職場の 5S とは、整理、整頓、清掃、清潔、しつけ（習慣化）のことをいう。

解答　正

解説

すべてローマ字の頭をとって集約したものである。

即ち SEIRI、SEITON、SEISOU、SEIKETU、SHITUKE の 5S である。

6 ｜ 電動式射出成形機では、型締も射出もサーボモータを使用する。

解答　正

解説

現在主流となっている電動式射出成形機は、型締めも射出も AC サーボモータを使用している。一部には、射出は AC サーボモータを使っているが型締めにはインダクションモータを使用している成形機もある。

7 下記の材料は、いずれも予備乾燥を必要とする。
   (1) PPS
   (2) PC
   (3) PBT

解答 正

解説

本題のプラスチックはすべて予備乾燥を必要とする。従って、正しい。

PPS	140℃	3～4 hr
PC	120℃	3～4 hr
PBT	120～130℃	3～4 hr

8 ポリスチレン成形材料の色替えでは、一般に、パージの際の計量は少なめにし、射出速度を速くしてから何回も繰り返し行うほうが、材料のロスが少なく良い結果が得られる。

解答 正

解説

色替えではスクリュー先端の逆流防止リング、ノズル手前のシリンダ内壁面に樹脂が滞留しやすいので、背圧を高め、計量を少な目にして、射出速度を速くして何回もパージするほうが、材料ロスは少なくなる。

9 ポリエチレン成形品は、高周波による溶着ができる。

解答 誤

解説

高周波溶着法は被溶着体（プラスチック）に高周波を当て自己発熱をさせて溶着する方法である。ポリエチレンは無極性プラスチックであるので高周波による発熱が少ない。そのため、一般的に高周波溶着には適さない。

10 ピッチゲージとは、ねじのピッチを測定する器具をいう。

解答 正

解説

ピッチゲージはねじを計測する基準ゲージであるので、本題は正しい。

11 白の着色剤には、酸化チタンが多く使用される。

解答 正

解説
　酸化チタンはチタンホワイトとも呼ばれる無機顔料である。酸化チタンは隠蔽性が高くプラスチックの白色着色に用いられる。

12 アニーリングの効果には、成形品の残留応力の緩和や、印刷後のクレージングの発生防止などがある。

解答 正

解説
　アニーリングは成形品を熱処理することによって残留応力を緩和する方法である。残留応力が大きいと塗装、印刷などでクレージング（クラック）が発生することがある。この不具合を防止するため、成形品をアニーリングして残留応力を低減する方法がとられる。

13 下図の成形品の重さは、30gである。ただし、比重は1.2、単位はmmとする。

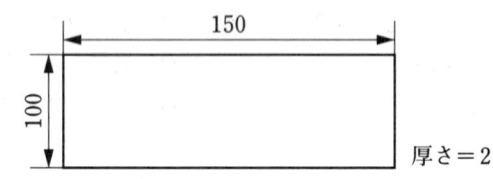

（図：縦100、横150、厚さ＝2の長方形の成形品）

解答 誤

解説
　本成形品の体積は
　　$10\text{cm} \times 15\text{cm} \times 0.2\text{cm} = 30\text{cm}^3$
である。
　従って、成形品の重さは
　　体積 × 比重 $= 30\text{cm}^3 \times 1.2$
　　　　　　　　$= 36\text{g}$
である。従って、本題は誤りである。

14 射出成形機のノズルタッチ力は、型締力に比例する。

解答 誤

解説
ノズルタッチ力は成形機ノズルと金型のスプルブシュの接触圧を高くして樹脂漏れを防ぐ目的で加える力である。従って、型締力とは直接は関係しない。

15 油圧モータのトルクは、作動油の圧力を上げることにより高くすることができる。

解答 正

解説
図のように油圧モータは圧油を流すことによって回転する機構である、従って、そのトルクは作動油の圧力を高くすることで高くすることができる。従って、本題は正しい。

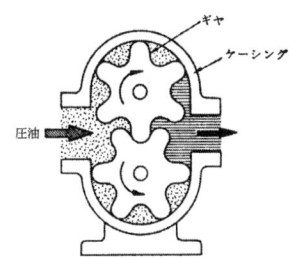

16 抵抗が20Ωのヒータに、単相交流で10Aの電流を流したときの電力は200Wである。

解答 誤

解説
電力P（W）、電流I（A）、抵抗R（Ω）の関係は
$$P = I^2 \cdot R$$
であるから、本題では
$$P = (10A)^2 \times 20\Omega$$
$$= 2,000W (2kW)$$
である。

17 計量精度を向上させる方法に、可塑化工程のプログラム制御を用いて、スクリューの回転速度を計量完了前に下げていく方法がある。

解答　正

解説
　可塑化工程のプログラム制御を用いて、スクリューの回転速度を計量完了前に下げていくと、計量精度が向上する。

18 型板のような平行度が要求される厚板の精密加工には、平面研削盤が適している。

解答　正

解説
　平面研削盤は、円筒形の砥石を用いて、予め切削加工された平面部分を研削して、寸法精度を高めるとともに、平滑な平面を加工する研削加工機である。厚板の精密加工に適する。

19 モールド用スプルーブシュは、日本工業規格（JIS）には規定されていない。

解答　誤

解説
　モールド用スプルーブシュは、JIS B5112 に規定されている。

20 成形機に取り付けた金型を点検するときは、モータ電源はその都度切らなければならない。

解答　正

解説
　成形機による災害防止のため、機械（金型も含む）の修理、検査、点検などを行うとき、モータ電源はその都度切り、必ず運転を停止してから行わねばならない。

21 インサート金具は、成形前によく洗浄し、完全に乾燥してから成形する必要がある。

解答 正

解説
　PS、ABS 樹脂、PC などの非晶性プラスチックの成形では、金具を切削加工するときに使用した切削油が付着したままインサート成形すると、金具周りの樹脂層にソルベントクラックが発生することがある。そのため、成形前によく洗浄し、乾燥した金具を用いて成形するよう心掛けなければならない。

22 PP は、MEK（メチルエチルケトン）で溶剤接着できる。

解答 誤

解説
　本題に提示された PP（Poly Propylene）は結晶性樹脂である。
　従って、MEK（Methyl Ethyl Ketone）のような溶剤には溶解しないので、溶剤接着はできない。

23 成形材料の曲げ弾性率は、材料の曲がりにくさを表し、この値が小さいほど曲がりやすい。

解答 正

解説
　曲げ弾性率の単位は MPa であり、この値が大きいほど曲がりにくいことを表す。逆に、この値が小さいと曲がりやすいので、本題は正しい。

24 製図に用いる寸法補助記号で、面取りを表すCの面取り角度は、60°である。

解答 誤

解説
　製図における寸法記入法の JIS Z8317 では、面取り角度が 45°の場合は面取り寸法数値×45°とするか、面取り記号 C を示せばよい。従って、60°の場合は C と表現するのは間違いである。

25 振動規制法関係法令では、原動機の定格出力が 7.0kW のエアコンプレッサは、特定施設として適用を受ける。

解答 誤

解説
　エアーコンプレッサーの原動機の定格出力が 7.5kW 以上であると、振動規制法の特定施設として適用を受ける。従って、定格出力 7.0kW では適用を受けないので本題は誤りである。

B群（多肢択一法）

1 文中の下線部のうち、誤っているものはどれか。

　　射出成形における樹脂の流動配向は、樹脂温度、金型温度、射出圧力、
　　　　　　　　　　　　　　　　　　　　イ　　　　ロ　　　　ハ
　　型開速度などに大きく左右されて、成形品の物性に強い影響を与える。
　　ニ

解答　ニ

解説

　樹脂の流動配向は、射出や保圧過程で生じるせん断力によって生じるものであり、樹脂温度、射出圧力、金型温度などが関係する。型開速度は関係しない。従って、誤っているのはニである。

2 成形品の残留応力に関する記述として、正しいものはどれか。

　　イ　金型温度を高めにすると小さくなる。
　　ロ　射出圧力を高めにすると小さくなる。
　　ハ　シリンダ温度を低めにすると小さくなる。
　　ニ　冷却時間を短めにすると小さくなる。

解答　イ

解説

　イ　金型温度を高めると、型内で応力緩和するので残留応力が小さくなる。
　ロ　射出圧を高くすると残留応力は大きくなる。
　ハ　シリンダ温度は残留応力には関係しない。
　ニ　冷却時間を短くすると、突出し時に変形するので残留応力は大きくなる。
　従って、正しいのはイである。

3 成形材料の色替えの組合せのうち、最も色替えがし易い組合せはどれか。
　　イ　黒色 PS → 白色 ABS 樹脂
　　ロ　黒色 PC → 白色 PS
　　ハ　黒色 PA → 白色 PP
　　ニ　黒色 PA → 白色 PC

【解答】　イ

【解説】
　低粘度材料から高粘度材料に色替えする方が色替えは容易である。また、PA から PC への材料替えは PA によって PC が分解するので困難である。従って、イは低粘度の黒色 PS から白色 ABS 樹脂への色替えであるので比較的容易である。

4 ウェルドマークの防止対策として、正しいものはどれか。
　　イ　ランナーやゲートをできるだけ小さくする。
　　ロ　金型温度を低くする。
　　ハ　流れの悪い材料を使用する。
　　ニ　ウェルドマーク付近にエアベントを設ける。

【解答】　ニ

【解説】
　イ、ロ、ハはすべてウェルドマークが目立ちやすくなる条件である。ウェルド部にはガスが封じもまれることで、ウェルドマークが目立つようになる。その対策として、ウェルド部近辺にエアベント（ガスベント）を設ける対策が有効である。従って、正しいのはニである。

5 銀条に対する一般的な対策として、誤っているものはどれか。
　　イ　ランナとゲートを大きくする。
　　ロ　射出速度を上げる。
　　ハ　スクリューの回転数を下げる。
　　ニ　スクリュー背圧を上げる。

【解答】　ロ

|解説|
イ．ランナーやゲートを大きくするほうが、せん断発熱は少ないので銀条は発生しにくい。
ロ．射出速度を下げるほうが、エアの巻き込みによる銀条の発生は少ない。
ハ．スクリュの回転数を下げるほうが可塑化時のエアの巻き込みによる銀条は少ない。
ニ．スクリュー背圧を上げるほうが、ノズルからのエアの引き込みは少ないので、銀条の発生は少ない。
従って、誤っているのはロである。

6 同種の成形材料による成形品のうち、溶剤接着ができない材料はどれか。
　　イ　ポリアセタール
　　ロ　ポリスチレン
　　ハ　ポリカーボネート
　　ニ　AS樹脂

|解答| イ
|解説|
ポリアセタールは適切な溶剤がないので、溶剤接着には適さない。ポリスチレン、ポリカーボネート、AS樹脂は溶剤接着可能である。

7 軟質ポリエチレン製のリングの外径を測定する機器として、適切でないものはどれか。
　　イ　ノギス
　　ロ　測定顕微鏡
　　ハ　測定投影機
　　ニ　レーザ寸法測定器

|解答| イ
|解説|
軟質ポリスエチレン製のリングを接触式の測長器で測定すると試料が接触圧で変形するので正確に測定できない。測定顕微鏡（工具顕微鏡）、測定投影機（万能投影機）、レーザ寸法測定器などは非接触であるので測定に適す

るが、ノギスは接触式であるので適さない。

8 1個20gのPS材成形品を5000個得るための材料量として、適切なものはどれか。ただし、**歩留り率**は、90％とする。
　　イ　100 kg
　　ロ　105 kg
　　ハ　110 kg
　　ニ　115 kg

解答　ニ

解説

歩留り率は、次式で計算する。
　　歩留り率（％）＝（製品の総質量／材料の総投入質量）× 100
歩留り率が与えられている場合、材料の総投入質量は次式で計算する。
　　材料の総投入質量 ＝（製品の総質量／歩留り率（％））× 100
ここで、
　　製品の総質量 ＝ 5000個 × 20g
　　　　　　　　 ＝ 100 kg
であるから、歩留まり率90％の場合
　　材料の総投入質量 ＝（製品の総質量／歩留り率（％））× 100
　　　　　　　　　　 ＝（100 kg／90％）× 100
　　　　　　　　　　 ＝ 111 kg
従って、材料は111kg必要であるから、適切なものはニとなる。

9 文中の( )内に入る語句として、適切なものはどれか。

スクリューヘッドには、逆流防止弁付きスクリューヘッド及びストレート形スクリューヘッドがあるが、ストレート形を用いなければならないのは( )である。

　　イ　硬質 PVC
　　ロ　PS
　　ハ　POM
　　ニ　PA

【解答】イ

【解説】
殆どの熱可塑性プラスチックは、下図に示すような逆流防止弁付きスクリュヘッドを用いている。硬質 PVC は、ヘッド部に材料が滞留すると分解して、塩素が発生し成形機、金型などを侵食して錆びさせてしまう。それを避けるため、ヘッド部の残量を少なくするよう、ストレート型スクリュヘッドを用いる。

従って、本題の正解は、イの硬質 PVC である。

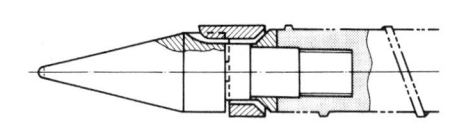

逆流防止弁付きスクリュヘッド 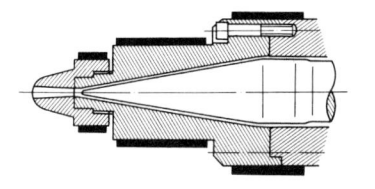　　　　　ストレート型スクリュヘッド

10 文中の( )内に入る語句として、誤っているものはどれか。

スクリュー式射出装置のスクリューには、( )機能がある。

　　イ　材料を均一に可塑化する
　　ロ　はなたれを防止する
　　ハ　溶融した材料を射出する
　　ニ　回転により材料を計量する

【解答】ロ

解説

スクリューは可塑化、計量、射出などの機能はあるが、はなたれを防止する機能はない。はなたれ防止には、サックバックまたはバルブ付きノズルを用いる。従って、誤っているのはロである。

11 射出成形機に関する記述として、誤っているものはどれか。
　　イ　油圧式射出成形機は、電動式射出成形機よりも冷却水を多く必要とする。
　　ロ　トグル式型締装置の潤滑油は、油圧作動油よりも高粘度である。
　　ハ　油圧系統内に設置されるアキュムレータには、空気が封入されている。
　　ニ　高圧油圧系統に設置されているラインフィルタの交換は、汚れの具合により定期的に行う。

解答　ハ

解説

イ、ロ、ニはすべて正しい。ハについてアキュムレータに使用されるガスは空気ではなく窒素ガスである。従って、誤っているのはハである。

12 抵抗25オームに4アンペアの電流を2時間流した時に消費される電力量として、正しいものはどれか。
　　イ　200 Wh
　　ロ　400 Wh
　　ハ　800 Wh
　　ニ　1000 Wh

解答　ハ

解説

オームの法則では
　　$E = R \times I$
　　E：電圧（ボルト）　　R：抵抗（オーム）　　I：電流（アンペア）
電力P（ワット）は次式で求められる。

$$P = E \times I$$
$$= (R \times I) \times I$$
$$= R \times I^2$$
$$= 25 \times (4)^2$$
$$= 400W$$

従って、電力量は800Wh（= 400W × 2hr）となる。従って、ハが正しい。

13 電動式射出成形機において、型締機構（トグル式）の型締め及び型開き位置を検出しているものはどれか。
　　イ　電流計
　　ロ　電圧計
　　ハ　エンコーダ
　　ニ　ロードセル

(解答)　ハ

|解説|

射出成形機の型締の位置検出には直接的には直線位置検出ができるリニアーエンコーダが使用されるのが一般的である。間接的にはモータ軸の回転を検出するエンコーダ（ロータリーエンコーダ）と、トグルリンクの形状の計算と組み合わせて算出可能である。電流や電圧はモータの速度、トルク（力）をコントロールする。ロードセルはあくまで荷重（力）測定用なので位置の検出はできない。従って、正解はハである。

14 射出成形機の付属機器の機能に関する記述として、誤っているものはどれか。
　　イ　ホッパドライヤは、材料を乾燥させるものである。
　　ロ　ホッパローダは、材料を供給するものである。
　　ハ　混合機は、マスターバッチ着色を行うときにも使用される。
　　ニ　通常の粉砕機は、インサート金具付製品の粉砕にも使用される。

(解答)　ニ

|解説|

通常粉砕機はインサート金具付き製品の粉砕には使用しない。イ、ロ、ハ

はすべて正しい。従って、誤っているのはニである。

15 射出成形機の周辺機器として、熱源のないものはどれか。
　　イ　ホッパローダ
　　ロ　ホッパドライヤ
　　ハ　金型温調機
　　ニ　箱型乾燥機

[解答]　イ
[解説]
　イのホッパローダはホッパへ材料を輸送する装置であり、熱源とは関係ない。ロ、ハ、ニはすべて熱源を利用している。

16 ゲートに関する記述として、正しいものはどれか。
　　イ　サイドゲートは、ゲート仕上げが必要ではない。
　　ロ　ディスクゲートは、ゲート仕上げが簡単である。
　　ハ　サブマリンゲートは、型開き時あるいは突出時にゲート部が自動切断される。
　　ニ　ダイレクトゲートは、圧力損失が大きい。

[解答]　ハ
[解説]
　イ．サイドゲートは仕上げが必要である。
　ロ．ディスクゲートは仕上げが大変である。
　ハ．サブマリンゲートは型開き時あるいは突き出し時にゲートが自動切断される。
　ニ．ダイレクトゲートは圧力損失が小さい。
　従って、正しいものはハである。

17 ランナーレス金型の特徴に関する記述として、正しいものはどれか。
　　イ　成形材料のロスが多い。
　　ロ　マニホールド内で溶融材料が滞留する時間が短い。
　　ハ　成形サイクルタイムが長い。
　　ニ　金型費、温度調節費など金型代が高価となる。

【解答】ニ

【解説】
ランナーレス金型の特徴は次の通りである。
イ．ランナーがないので、材料ロスはない。
ロ．マニホールド、ホットノズル内も溶融樹脂が滞留するので、滞留時間は長くなる。
ハ．スプル、ランナーを取り出さなくてもよいので、型締め、型開き時間が短くなる。従って、成形サイクルは短くなる。
ニ．金型費、温度調節装置費などは高価となる。
従って、正しいのはニである。

18 文中の下線部のうち、誤っているものはどれか。

　　金型で使用されるリターンピン、エジェクタピン、ガイドピン及び
　　　　　　　　　　　　イ　　　　　ロ　　　　　　ハ
　　ランナーロックピンは、日本工業規格（JIS）に規定されている。
　　　　　ニ

【解答】ニ

【解説】
各部品のJISは次の通りである。

部品名	JIS
リターンピン	B5104
エジェクタピン	B5103
ガイドピン	B5102
ランナーロックピン	規定なし

従って、誤っているのはニである。

19 金型の取扱いに関する記述として、誤っているものはどれか。
  イ　アイボルトを使用して金型を吊り上げる場合、アイボルトのねじ部を完全に締め込んで使用する。
  ロ　金型を保管するには、ノズル穴をシールする。
  ハ　金型を保管するには、乾燥した冷暗所がよい。
  ニ　金型を長期に保管する場合、グリースを塗布する。

解答　ニ

解説
　金型の取り扱いについてイ、ロ、ハは正しい。グリースは水分が含まれているので金型さびの原因になるので、防錆油を塗布して保管するのがよい。従って、誤っているものはニである。

20 成形材料に関する一般グレードの特徴として、誤っているものはどれか。
  イ　ポリカーボネートは、衝撃強さに優れている。
  ロ　ポリアミドの成形品は、吸湿によって機械的強さが変化する。
  ハ　ABS樹脂は、ブタジェンを含むため耐候性が良くない。
  ニ　ポリプロピレンは、印刷が容易である。

解答　ニ

解説
　ポリプロピレンは印刷の密着性は良くない。イ、ロ、ハはいずれも正しい。従って、誤っているのはニである。

21 水に浮く成形材料として、正しいものはどれか。
  イ　ポリアセタール
  ロ　ポリプロピレン
  ハ　ポリカーボネート
  ニ　ポリ塩化ビニル

解答　ロ

解説
　各材料の比重は次のとおりである。

	比重
ポリアセタール	1.4
ポリプロピレン	0.9
ポリカーボネート	1.2
ポリ塩化ビニル	1.4

従って、水に浮くのは水の比重 (1.0) より小さいポリプロピレンである。

22 非晶性プラスチックと比較した結晶性プラスチックの一般的な特徴として、正しいものはどれか。
　　イ　透明である。
　　ロ　溶剤に接してもクラックが発生しにくい。
　　ハ　溶剤接着に多く用いられる。
　　ニ　成形収縮率は小さい。

解答　ロ

解説

結晶性プラスチックの特徴は次の通りである。
　イ．自然色は半透明または不透明である。
　ロ．溶剤に接してはクラックが発生しにくい。
　ハ．溶剤に溶けないので溶剤接着には適さない。
　ニ．成形収縮率は大きい。
従って、正しいのはロである。

23 成形材料とその略号の組合せのうち、誤っているものはどれか。

	【成形材料】	【略号】
イ	ポリプロピレン	PP
ロ	ポリアセタール	PA
ハ	ポリブチレンテレフタレート	PBT
ニ	ポリ塩化ビニル	PVC

解答　ロ

解説

　イ、ハ、ニは正しい。

165

ポリアセタールの略語は POM である。従って、誤っているのはロである。

24 図面に示す寸法数値の意味を明示するために寸法補助記号が用いられるが、記号の意味及び記号の組合せのうち、誤っているものはどれか。

　　　　【意味】　　　　【記号】
　イ　正方形の辺　　　□
　ロ　球半径　　　　　R
　ハ　円弧の長さ　　　⌒
　ニ　厚さ　　　　　　t

解答　ロ

解説

JIS Z8317 では寸法補助記号について、下表のように規定されている。
従って、誤っているのはロの球の半径の記号である。

区　分	記　号	呼び方	用　法
直径	φ	まる	直径の寸法の、寸法数値の前につける。
半径	R	あーる	半径の寸法の、寸法数値の前につける。
球の直径	Sφ	えすまる	球の直径の寸法の、寸法数値の前につける。
球の半径	SR	えすあーる	球の半径の寸法の、寸法数値の前につける。
正方形の辺	□	か　く	正方形の一辺の寸法の、寸法数値の前につける。
板の厚さ	t	てぃー	板の厚さの寸法数値の前につける。
円弧の長さ	⌒	えんこ	円弧の長さの寸法の、寸法数値の上につける。
45°の面取り	C	しー	45°面取りの寸法の、寸法数値の前につける。
参考寸法	( )	かっこ	参考寸法の、寸法数値（寸法補助記号を含む。）を囲む。
理論的に正確な寸法	☐	わく	理論的に正確な寸法の寸法数値を囲む。

25 家庭用品品質表示法関係法令による合成樹脂加工品質表示規程に規定されている合成樹脂加工品は、どれか。
　イ　洗面器
　ロ　カセットケース
　ハ　植木鉢
　ニ　歯ブラシ

解答 イ

解説
　本題に提示された家庭用品品質表示関係法令の対象品目として規定されている合成樹脂製品は、洗面器、たらい、バケツおよび浴室用の器具である。
　従って、本題に提示された家庭用品品質表示関係法令の対象品目は、イの洗面器である。

平成30年度技能検定
1級プラスチック成形学科試験問題
（射出成形作業）

この試験問題の転載については、中央職業能力開発協会の承諾を得ています。　　　禁無断転載

A群（真偽法）

1 下記の成形法とその成形品との組合せは、いずれも正しい。

【成形法】	【成形品】
(1) ブロー成形法	飲料用ペットボトル
(2) インフレーション成形法	ポリ袋
(3) 射出成形法	テレビキャビネット
(4) 圧縮成形法	卵パック

解答 誤

解説
(1) 飲料用ペットボトルは延伸ブロー成形法で成形されている。
(2) ポリエチレン製の袋（レジ袋）は押出成形法の1つであるインフレーション成形法で成形されている。
(3) テレビキャビネットのような形状の成形品は射出成形法で成形されている。
(4) 卵パックのような形状の成形品は真空成形法で成形されている。
従って、(4)が誤りである。

2 PEは、一般に、低温時における衝撃強さが、PPよりも優れる。

解答 正

解説
　この二つの材料は、結晶性プラスチックの代表格で比重が小さく（0.92～0.95）、機械的性質も、電気的性質も安定しており、物性も類似している。日用品雑貨を始め、多くの分野に使用されている消費量の多い材料である。大きく異なる点は、ポリエチレンは、耐寒性が良好である反面、ポリプロピレンはあまり良くないことである。

3 電気設備に関する技術基準において、電圧は、低圧、高圧及び特別高圧の3つに区分される。

解答 正

解説
電気設備に関する技術基準省令第3条では電圧を低圧、高圧、特別高圧の3つに区分している。低圧は主として使用場所の設備に使われる電圧、高圧は配電線に使われる電圧、特別高圧は送電線に使われる電圧である。

4 抜取検査とは、製造ロット中のすべての製品(部品)について行う検査をいう。

解答 誤

解説
本問題に提示された、検査ロットの中のすべての検査単位について行う検査は全数検査と呼ばれる方法である。
　これに対して、検査ロットから、あらかじめ定められた抜取検査方式に従ってサンプルを抜き取ってチェックし、その結果をロットの判定基準と比較して、そのロットの合格を判定する検査は抜取検査と呼ばれる方法である。

5 労働安全衛生法関係法令によれば、2m以上の高さの箇所で作業を行う場合において墜落の危険があるときは、墜落を防止するための作業床等の設備を設けなければならない。

解答 正

解説
労働安全衛生法関係法令(第518条)では「事業者は、高さ2m以上の箇所(作業床の端、開口部などを除く)で作業を行う場合においては労働者に危険を及ぼすおそれのあるときは、足場を組み立てる等の方法により作業床を設けなければならない。また、作業床を設けることが困難なときは、防網を張り、労働者に安全帯を使用させる等墜落による労働者の危険を防止するための措置を講じなければならない」と定められている。

6 2色射出成形機は、射出装置を2組備え、2色又は2種の成形材料を同時又は順次に射出して一体成形することができる。

解答 正

解説
2色射出成形は2本の射出装置を有する成形機を用いて、2色または2種の成形材料で成形して一本化する成形法である。成形法には次の2つがあるが、①のほうが実用例は多い。

① 同一キャビティで1次成形材料を成形した後に、コアバックして2次成形材料を射出して一体成形する。または1次成形材料を1次成形キャビティで成形した後に型開きして、コア回転、コアスライド、その他の方法で成形品を2次成形キャビティに移動し、型締後に2次成形材料を射出して一体成形する。

② 同一キャビティで2つのゲートから2色または2種類の成形材料を同時に射出して一体成形する。

従って、本題は正しい。

7 ガラス繊維入りPBTを、下図のように矢印の方向から充填させて成形品を作った場合、一般に、A方向の収縮率は、B方向の収縮率よりも大きくなる。

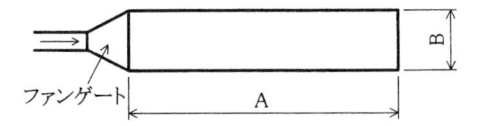

解答 誤

解説
一般に、ガラス繊維入りPBTのように繊維状の充填剤が配合されている成形材料の場合、ゲートの形状、寸法、位置によって、成形材料の配向が考えられ、流れ方向の収縮率はその直角方向の収縮率に比較して小さい。

本問題の図に提示された形状、寸法の成形品に長手方向の一端から、ファンゲートで射出成形した場合には、この傾向が顕著に現われ、A方向の収縮率はB方向の収縮率より小さくなる。

8 熱可塑性ポリエステルは、吸湿により加水分解をおこし、強度が低下するので、乾燥には充分注意しなければならない。

解答 正

解説
　熱可塑性ポリエステルは分子鎖にエステル結合を有するため、予備乾燥が不充分であると水分によって加水分解し分子量が低下する。その結果強度が低下する。一般的に熱可塑性ポリエステルが成形時に加水分解しない限界吸水率は 0.015％～0.02％ である。

9 透明な成形品の表面光沢不良が生じた場合の対策として、下記はいずれも有効である。
　(1)　加熱筒温度を高くする。
　(2)　金型温度を高くする。
　(3)　保圧を高くする。

解答 正

解説
　透明な成形品の表面光沢をよくするには、金型キャビティに溶融樹脂を密着させてキャビティ面を転写する必要がある。そのためには、加熱筒温度を高くして溶融粘度を小さくし、金型温度を高く、かつ保圧を高くしてキャビティ面を転写することが必要である。
　従って、本文章は正しい。

10 真空蒸着、塗装、印刷の中で、一般に、加工が容易で歩留りが良いのは印刷である。

解答 正

解説
　真空蒸着は密着性を良くするためアンダーコートしたのち真空蒸着する。さらに、蒸着膜を保護するためトップコートする。
　塗装は、材質にもよるが、下地塗装したのちに塗装する方法が多く、複雑な工程を経て塗装される。
　印刷は基材の上に印刷処理することが多い。

それ故、加工が容易で歩留まりがよいのは印刷である。

11 限界ゲージは、成形品の製品寸法の良否を判別するのに使用され、内側マイクロメータは、成形品の穴径を測定するのに使用される。

解答 正

解説
製品のマイナス限界寸法とプラス限界寸法を検査するために用いられるのが限界ゲージである。例えば、穴径の検査は栓ゲージを用いて製品寸法の良否を判定する。内径マイクロメータは成形品の穴径寸法を測定するのに用いられる。

12 50kg用タンブラーで顔料を混合する場合、原料を入れてから、一般に、約10～15分混合する。

解答 正

解説
本題に示された50kg用タンブラーで顔料を混合する場合、この回転混合で被混合物が同一箇所に留まることなく、できるだけ広範囲に動き回る状態でなければならない。従って、1回の仕込量はタンブラーの容量の60％以下であることが望ましく、回転数は30～40回／分で混合時間は10～20分程度である。

13 アニーリングの効果には、成形品の残留応力が緩和され、印刷のインキがのりやすくなることがある。

解答 正

解説
成形品に大きな残留応力があると、印刷インキに含まれる溶剤によってクラック発生、印刷外観不良、密着不足などが生じる。アニーリングして残留応力を低減することでこれらの不良を防止できる。

14 1個90gの製品を1000個成形したところ、不良品100個が発生した。これに要した材料が100kgである場合の材料歩留り率は90.0%である。

解答 誤

解説

材料の歩留り率は次の通りである。

　　歩留り率（%）＝（良品の総質量 ÷ 材料の総投入質量）× 100
　　良品の総質量 ＝（成形個数 － 不良個数）× 製品質量
　　　　　　　　 ＝（1000個 － 100個）× 90g
　　　　　　　　 ＝ 81kg

歩留り率は

　　（81kg ÷ 100kg）× 100 ＝ 81%

である。

従って、本題は誤である。

15 流量制御弁は、油圧ラムなどの速度に変化を与えるために使用される弁で、一定回転で駆動される定容量型ポンプには必要である。

解答 正

解説

　油圧モータは油圧ポンプにより圧油を送り込んで駆動する。油圧モータの回転数は油量に比例し、回転力は油圧に比例する。流量制御弁は油圧ラムなどの速度に変化を与えるために使用される弁で、一定回転で駆動させる定容量型ポンプには必要である。

16 射出成形機の駆動を油圧装置によらず、電動機により駆動する方式のものでは、一般に、サーボモータ及びボールねじが使われている。

解答 正

解説

　電動機で駆動源とする電動式射出成形機では、図のようにACサーボモータ（M1、M2）とボールねじが使われている。すなわち、射出装置や型開閉装置はボールネジを用いてモータの回転運動を直進運動に変換している。一方、スクリュ回転はモータ回転を減速装置で減速している。従って、本文章

は正しい。

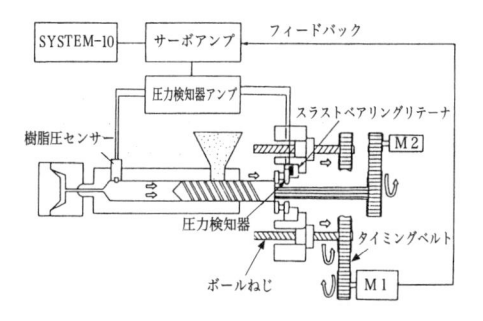

(本間精一編、プラスチック成形技能検定の解説、p.87、三光出版社 (2014))

17 シーケンス制御は、一つの成形サイクル中の各段階を、あらかじめ設定された順序に従って逐次的に動作を進行させる制御方式である。

解答 正

解説

シーケンス制御は逐次制御ともいい、初期の射出成形機で全自動運転と呼ばれるものは、この制御で行われている。この制御は、成形サイクルの各段階を、リミットスイッチやタイマーなどから出される信号によって自動的に進行させるものである。

18 射出成形機の加熱シリンダに設けられたベント装置は、成形材料の水分や揮発分を効果的に除去する役割がある。

解答 正

解説

ベント式射出成形機は図のように、シリンダの途中にベント孔を設けた装置である。ベント孔を設けることで溶融樹脂中の水分や揮発分を脱気できる効果がある。

従って、本題は正しい。

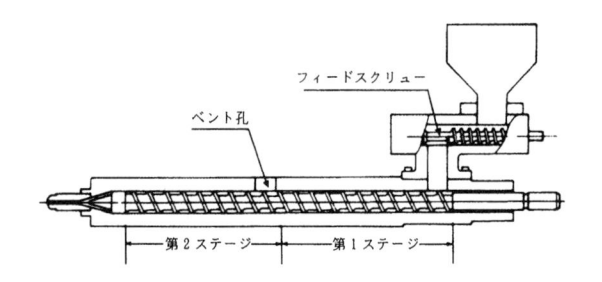

（図中ラベル）
フィードスクリュー
ベント孔
第2ステージ　第1ステージ

19 プラスチック成形用金型の材料に使用されるS55Cは、引張強さ539N/㎟（55kgf/㎟）の機械構造用炭素鋼鋼材のことである。

解答 誤

解説
機械構造用炭素鋼のS55CはJIS記号であって、引張強さの表示ではない。C（カーボン）の成分を示すものである。S55Cのカーボン成分は、0.52〜0.58％である。因みにS50Cのカーボン成分は、0.47〜0.53％である。

20 金型キャビティ・コアの鋼材は、使用する成形材料の種類、総生産数や成形品の要求品質を考慮して、その選定をしなければならない。

解答 正

解説
量産過程では機械的摩耗、腐食摩耗などが起きるので成形材料の種類、総生産数や成形品の要求品質を考慮して、金型キャビティ・コアの鋼材を選定しなければならない。
例えば、金型部品に使用される代表的な鋼材には次のものがある。

金型部品名	代表的な鋼材	硬さ
キャビティおよびコア スライドコア コアピン類	プリハードン鋼	30〜43 HRC
	SKH51 SKD11、SKD61	55〜63 HRC
取付け板 受け板 スペーサブロック エジェクタプレート ストリッパプレート	SS400 又は S50C、S55C	20〜35 HS
エジェクタピン スプルーロックピン	SKH51、SKD61	60±2 HRC
リターンピン ガイドピン ガイドブシュ アンギュラピン	SUJ2、SKD61	55HRC 以上
ロケートリング	S45C、S50C	20〜35 HS
スプルーブシュ	SKD61	50±5 HRC

注：HS ショア硬度、HRC ロックウェル硬度（C スケール）

(本間精一編、プラスチック成形技能検定の解説、p.125、三光出版社（2014）)

21 電解めっきされる樹脂は、主に ABS 樹脂が多い。

解答 正

解説

ABS 樹脂成形品表面層のブタジエンゴムをエッチング処理するとアンカー穴を形成できるので、電気めっきに適した樹脂である。めっき用樹脂としては ABS 樹脂が最も多く使用されている。

22 インサート金具にシャープエッジがあると成形品にクラックが発生しやすいのは、応力集中のためである。

解答 正

解説

インサート金具周囲にクラックが発生する原因には次のことがある。

(1) 金具のシャープエッジによる応力集中
(2) 金具周囲に発生するウェルドライン
(3) 金具への切削油の付着
(4) 金具周囲の樹脂層肉厚の薄過ぎ

従って、本題は正しい。

23 塩化ビニル樹脂の接着剤にメチルエチルケトン（MEK）を使用した場合は、クレージングが発生する。

解答 誤

解説
本題は、塩化ビニル樹脂成形品同士の接着にMEKを用いる場合と考える。
PVCは、耐薬品性はよいが、非晶性プラスチックなので有機溶剤には弱い。ケトン類にも膨潤し、溶解もする。従って接着は可能だが注意を要する。ドープセメント（この場合は、MEKの中にPVCの適量を溶解させたもの）にしたもので接着するとクレージングを発生させずに接着できる。

24 成形材料とその略号の組合せは、いずれも正しい。

　　　　【成形材料】　　　　　　【略号】
(1) ポリエーテルエーテルケトン　PEEK
(2) ポリエーテルイミド　　　　　PEI
(3) ポリフェニレンスルフィド　　PESU

解答 誤

解説
　　　　【成形材料】　　　　　　【略語】
(1) ポリエーテルエーテルケトン　PEEK
(2) ポリエーテルイミド　　　　　PEI
(3) ポリフェニレンスルフィド　　PPS

従って、本題は(3)が誤である。

25 原動機の定格出力が 10kW までのエアコンプレッサは、振動規制法関係法令の特定施設として適用を受けない。

解答 誤

解説
　エアコンプレッサの定格出力が 7.5kW 以上であると、振動規制関係法令の特定施設として適用を受ける。従って、本題は誤りである。

B群（多肢択一法）

1 非強化ポリスルホン（PSU）の成形条件として、適切でないものはどれか。
　　イ　樹脂温度は、350〜390℃必要である。
　　ロ　乾燥は、除湿式ホッパドライヤでは135〜165℃で3〜4時間が必要である。
　　ハ　金型温度は、80℃である。
　　ニ　パージ材として、PCを使用するとよい。

解答　ハ

解説

非強化ポリスルホン（PSU）の金型温度は120℃〜140℃であり、ハは適切でない。イ、ロ、ニは全て正しい。

2 GF-PET樹脂の成形及び品質に関する記述として、誤っているものはどれか。
　　イ　予備乾燥を充分行わないと、強度が弱くなる。
　　ロ　結晶化度を上げるには、型温は70℃以下がよい。
　　ハ　表面光沢を良くするためには、型温を高くする。
　　ニ　荷重たわみ温度は、220〜240℃（1.81MPa負荷）である。

解答　ロ

解説

GR-PETの成形と品質については次の通りである。
　イ．予備乾燥を充分行わないと、加水分解するので強度が弱くなる。
　ロ．結晶化度を上げるには、型温は120〜140℃の高温がよい。
　ハ．表面光沢をよくするためには、型温は高温がよい。
　ニ．荷重たわみ温度は、220〜240℃（1.80MPa）と高いほうである。
従って、誤っているのはロである。

3 予備乾燥の不足が原因で多く発生する不良現象はどれか。
　　イ　シルバーストリーク
　　ロ　ジェッティング
　　ハ　フローマーク
　　ニ　黒条

(解答)　イ

(解説)
　予備乾燥不足であると、溶融状態で材料中の水分によるガスまたは加水分解によるガスが型内に射出された瞬間に、圧力から解放されて気泡となる。型内で流動する過程で気泡が型壁面でつぶれてシルバーストリーク（銀条）となる。従って、イが正解である。

4 最も材料替えが困難な材料の組合せはどれか。
　　イ　白色 ABS 樹脂　→　黒色 ABS 樹脂
　　ロ　透明 PMMA　　→　白色 PC
　　ハ　黒色 PA　　　　→　透明 PC
　　ニ　白色 PP　　　　→　黒色 PP

(解答)　ハ

(解説)
　材料替えでは、淡色から濃色へ、透明から不透明へ、高粘度から低粘度へ色替えするのが原則である。また、黒色 PA から透明 PC への色替えは、濃色から淡色への色替え、PC の分解などの点で困難である。
　従って、材料替えが困難な組み合わせはハである。

5 ポリカーボネート成形品に発生する不良項目の中で、機械的強度に最も影響の少ないものはどれか。
　　イ　気泡（ボイド）
　　ロ　ウェルドマーク
　　ハ　ばり
　　ニ　ストレスクラッキング

(解答)　ハ

|解説|

気泡（ボイド）、ウエルドライン、ストレスクラッキングなどは応力集中源になるので機械的強度の低下をまねく。ばりは強度への影響は比較的少ない。
　従って、ハが正しい。

6　成形品のばりに関する記述として、正しいものはどれか。
　　イ　V－P切換え位置に関係するが、切換えが早いときは発生しにくい。
　　ロ　型温や型締力に関係するが、型そのもののでき具合いには関係しない。
　　ハ　射出速度や射出圧力に関係するが、加熱筒温度にはあまり関係しない。
　　ニ　製品の投影面積と型締力に関係するが、使用材料の流動性には関係しない。

|解答|　イ

|解説|

次の場合には、ばりが発生しやすい。
　イ．V－P切り替え位置に関係し、切り替えが遅いとオーバパッキングになり、ばりが発生する。
　ロ．金型の合わせ面が変形や摩耗しているとばりが発生する。
　ハ．射出速度が速く、射出圧が高く、加熱筒温度が高い場合にはばりは発生しやすい。
　ニ．型締力が低く、流動性が良い材料ではばりが発生しやすい。
　従って、正しいのはイである。

7　文中の（　）内に入る語句として、適切なものはどれか。
　　同質プラスチックを接着する場合、（　　）は溶剤接着が不可能である。
　　　イ　ABS樹脂
　　　ロ　PC
　　　ハ　PMMA
　　　ニ　POM

|解答|　ニ

解説

　ABS 樹脂、PC、PMMA などは溶解性のある溶剤を用いて同質プラスチックどうしの溶剤接着が可能である。一方、POM は耐薬品性がよい反面、溶解性のある溶剤がないため溶剤接着には適さない。

8 測定器に関する記述として、正しいものはどれか。
　　イ　軸受の内径は、ブロックゲージで測定するとよい。
　　ロ　エラストマーでできたリングの外径は、ノギスで測定するとよい。
　　ハ　段差のある穴のピッチは、三次元測定器で測定するとよい。
　　ニ　外径に抜きテーパのあるケースの高さは、投影機で測定するとよい。

解答　ハ

解説

　イ．軸受の内径は、栓ゲージで測定する。
　ロ．エラストマーでできたリングの外径は、ノギスでは変形して正確に測定できないので、万能投影機または測定顕微鏡を用いて非接触で測定するとよい。
　ハ．段差のある穴のピッチは、三次元測定機で測定するとよい。
　ニ．外径に抜きテーパのあるケースの高さは、定盤の上で三次元測定機を用いて測定するとよい。
　従って、正しいのはハである。

9 着色剤と成形材料に関する記述として、適切でないものはどれか。
　　イ　ABS 樹脂は、マスターバッチで着色できる。
　　ロ　PS に顔料を混ぜて着色する場合、タンブリングする。
　　ハ　白に着色された材料でも、カーボンブラックを混合すれば黒になる。
　　ニ　透明品の着色には、染料が適している。

解答　ハ

解説

　イ．設問の通りでよく行われている。
　ロ．着色できるが、タンブリングの使用方法をよくわきまえて行うことが大切である。

ハ．黒にはならない、グレーになる。
ニ．設問の通りである。
従って"ハ"が誤りである。

10 下図の成形品の質量として、最も近いものはどれか。
ただし、比重は1.1とし、計算は、小数点以下第2位を四捨五入し、小数点以下第1位までとする。なお、π＝3.14とする。

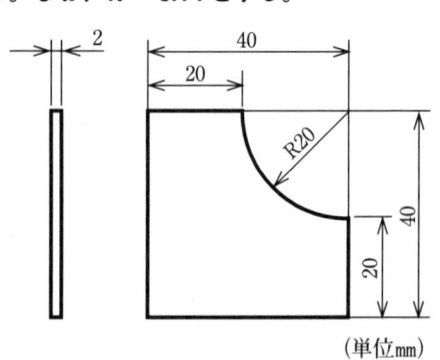

　イ　0.8g
　ロ　1.4g
　ハ　2.3g
　ニ　2.8g

（単位mm）

解答 ニ

解説

まず、成形品の体積Vを計算する。単位はcmで計算する。

$$V = \left[(4.0 \times 4.0) - \frac{(\pi \times 2.0^2)}{4}\right] \times 0.2$$

$$= 2.57 \text{ cm}^3$$

体積Vに比重を掛けると重量Wであるから

W＝ 2.57 × 1.1

　＝ 2.8g

従って、最も近いのはニである。

11 射出成形機のスクリューと逆流防止弁が摩耗している場合に発生する現象として、誤っているものはどれか。
  イ 混練不足による色むらが発生する。
  ロ 可塑化（計量）時間が短くなる。
  ハ 材料によっては、焼けが発生する。
  ニ ウェルドマークが発生しやすい。

解答 ロ

解説

　本題に提示された射出成形機のスクリューが摩耗している場合には、スクリューの溝部の容積および容積変化が不確定になるため、ホッパより投入された成形材料を効率よく均一に混練をして、スクリューの前頭部に送り出して正確に計量されないようになる。そして混練不足になり、色むらやウェルドマークが発生する。

　また、スクリューが著しく摩耗していると、射出の際、バックフローが多くなるので、加熱シリンダ中での材料の滞留時間が長くなって、成形品にやけや黒条の発生することがある。

　従って、本題に提示された射出成形機のスクリューが摩耗している場合に発生する現象として、誤っているものは、ロの可塑化（計量）時間が短くなるである。

12 材料とスクリューヘッドの組合せとして、誤っているものはどれか。
   【材料】   【スクリューヘッド】
  イ PA   ストレート形スクリューヘッド
  ロ 硬質PVC ストレート形スクリューヘッド
  ハ PP   逆流防止弁付きスクリューヘッド
  ニ ABS樹脂 逆流防止弁付きスクリューヘッド

解答 イ

解説

解説

 イ PAは溶融粘度が低いため射出時に逆流しやすいので逆流防止付スクリューヘッドが適している。

ロ　硬質PVCは滞留すると熱分解しやすいのでストレート型スクリューヘッドが適している。
　ハ、ニ　PPやABS樹脂は逆流防止弁付きスクリューヘッドが適している。
従って、誤っているのはイである。

13 油圧配管に関する記述として、適切でないものはどれか。
　イ　油圧装置に使用される管には、鋼管及びゴムホースがある。
　ロ　ゴムホースは、その柔軟性を利用して移動する装置に接続する時に使用する。
　ハ　ゴムホースの規格は、日本工業規格（JIS）に規定されている。
　ニ　ゴムホースは、鋼管に比べ、圧力応答性がよい。

【解答】　ニ
【解説】
イとロは、全く設問の通りである。
　ハ．JIS K6349-3　液圧用鋼線補強ゴムホース（ホースそのものの規格）
　　JIS B8360 液圧用ホースアセンブリ（口金用の規格）が相当する。
　ニ．ゴムホースは鋼管に比べ弾力性があるため、圧力がかかった場合の伸びが大きい。そのため圧力上昇が遅れる。したがって圧力応答性は鋼管のほうが勝っている。
従って、本題の記述で適切でないものは、ニである。

14 下図の回路におけるAB間の合成抵抗（R1〜R3）として、正しいものはどれか。
　イ　5Ω
　ロ　12Ω
　ハ　16Ω
　ニ　20Ω

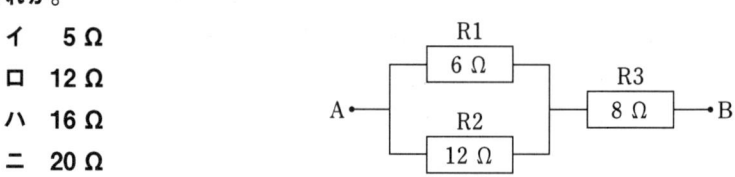

【解答】　ロ
【解説】
図の合成抵抗は次式で求められる。

$$合成抵抗 \Omega = \frac{1}{\frac{1}{6} + \frac{1}{12}} + 8$$

$$= \frac{1}{\frac{2}{12} + \frac{1}{12}} + 8$$

$$= \frac{12}{3} + 8$$

$$= 12\ \Omega$$

従って、正しいものはロである。

15 電動式射出成形機において、溶融樹脂圧力を検出しているものはどれか。
  イ エンコーダ
  ロ ロードセル
  ハ ノーヒューズブレーカ
  ニ 熱電対

(解答)　ロ

|解説|

ノーフューズブレーカと熱電対は、油圧式でも使われており、本問題とは全く関係はない。エンコーダとロードセルは電動式射出成形機の検出器のキーパーツである。

エンコーダは、スクリュー回転や位置のセンサーであり、ロードセルは射出圧、保圧、背圧などを検出している。下図は電動式射出装置（ベルト式）の一例である。

従って本問題の選択は、ロ である。

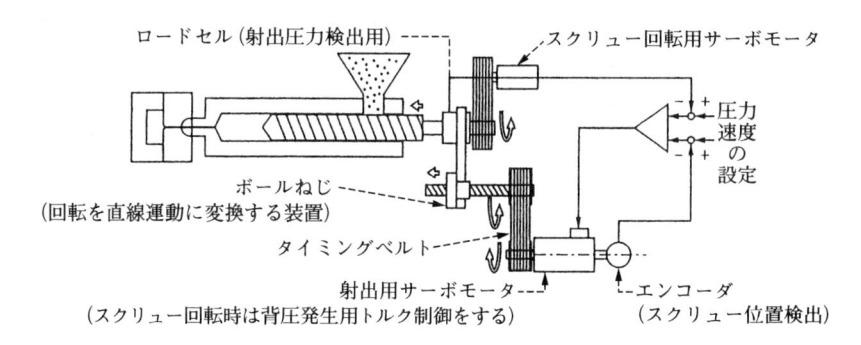

16 成形材料の混合・混練に使用される装置として、誤っているものはどれか。
　　イ　ホッパローダ
　　ロ　ミキサー
　　ハ　ブレンダー
　　ニ　ニーダー

解答　イ

解説
　ホッパローダは、成形材料を自動的にホッパへ供給するもので、混合・混練する装置ではない。ミキサー、ブレンダー、ニーダーは混合・混練に使用される。
　従って、誤っているものはイである。

17 ホットランナー方式に関する記述として、誤っているものはどれか。
　　イ　成形サイクルは、コールドランナー方式よりも短い。
　　ロ　ゲート位置は、コールドランナー方式よりも制約を受けない。
　　ハ　金型価格は、コールドランナー方式よりも高い。
　　ニ　材料の歩留り率は、コールドランナー方式よりも良い。

解答　ロ

解説
　イ．ホットランナーはスプル、ランナーを取り出す必要がないのでコールドランナー方式より型開きストロークは短くなる。そのため成形サイクルを短縮できる。
　ロ．コールドランナー方式ではサイドゲート、ファンゲート、フィルムゲート、ディスクゲート、サブマリンゲートなどがあり、ゲート設計の自由度は高いが、ホットランナーではゲート設計の制約を受ける。
　ハ．金型価格は、コールドランナー方式より高い。
　ニ．スプル、ランナーロスがないので、材料の歩留り率は優れている。
　従って、誤っているのはロである。

18 機能面からのゲート形状等に関する記述として、誤っているものはどれか。
　イ　サイドゲートは、標準ゲートとも呼ばれ、一般に、キャビテイの端面に設けられる。
　ロ　ディスクゲートは、円形状又はパイプ成形用としてよく使用されるが、成形品の均一充てんに適している。
　ハ　トンネルゲートは、サブマリンゲートとも呼ばれ、型開き時のゲート自動切断用として可動側にのみ使用される。
　ニ　ダイレクトゲートは、非制限ゲートとも呼ばれ、一般に、ひけを嫌う底面積の大きな成形品に使用される。

(解答)　ハ

|解説|

イ、ロ、ニはいずれも正しい。

ハのトンネルゲートについては、図に示すように固定型にゲートを設けて、型開き時にゲートを自動切断することもある。

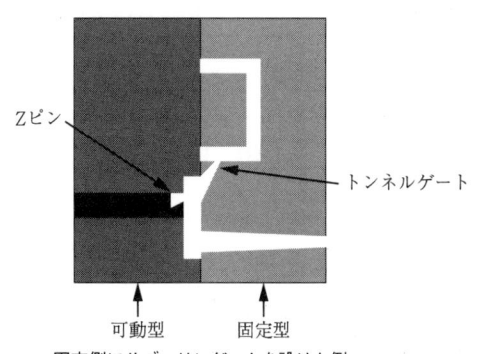

Zピン　　　トンネルゲート

可動型　　固定型

固定側にサブマリンゲートを設けた例

19 日本工業規格（JIS）における「プラスチック射出成形機の金型関連寸法」に規定がないものはどれか。
　　イ　押出しロッド穴の配置とその直径
　　ロ　ロケートリング用穴の直径と深さ
　　ハ　金型取付穴の配置と取付ボルト
　　ニ　冷却水孔口径の形状及び寸法

解答　ニ

解説

　設問のイとハは、JIS B 6701 の「プラスチック射出成形の金型関連寸法」に設問ロは、JIS B 5111 の「プラスチック金型のロケートリング」に規定されている。

　ニの冷却水孔口径については、規定がない。

　従って、JIS に規定がないのは、ニの冷却水口径である。

　下記に　そのJISを示す。

　イ．「押出しロッド穴の配置とその押出しロッド径」　ロッド径省略

押出しロッド穴の配置　　　　　　　単位mm

ロ.「ロケートリングの形状及び寸法」
   種類は、A形、B形、AJ形、BJ形の4種類ある。
   形状は省略する。
   外形寸法は下記のとおり決められている。
   A形‥‥60～160までの8種類
   B形‥‥60～160までの8種類
   AJ形‥‥60～160までの4種類
   BJ形‥‥100～150までの6種類
ハ.「金型取付穴の配置と取付ボルト」　取付ボルト省略

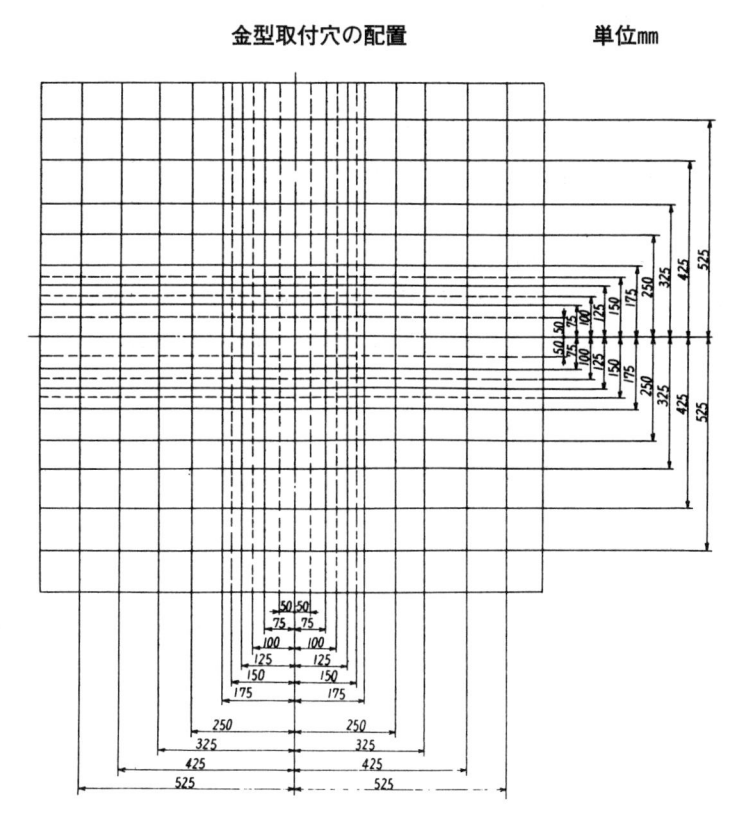

金型取付穴の配置　　　　単位mm

備考　縦型射出成形機では、JIS B 6702の金型取付穴の配置に準じてもよい。

20 | 金型の保守管理に関する記述として、誤っているものはどれか。
　　イ　金型を保管する場合、冷却水は充分にエア等でパージ除去しておくほうがよい。
　　ロ　金型を保管する場合、一般にキャビティにグリースを充分塗布しておくことで最適な防錆処置ができる。
　　ハ　成形終了後は、金型のPL面の汚れやばりのないことを確認し、キャビティとコアを閉じておくほうがよい。
　　ニ　一般に、金型を保管する場合、防錆剤をしっかりキャビティ及びコアに塗布し、スプルーやPL面から汚れが入らないように配慮したほうがよい。

解答　ロ

解説

ロについて、グリースは水分を含んでいるので、金型の防錆処理に用いるのは不適切である。イ、ハ、ニはいずれも正しい保守管理である。

21 | 文中の（　）内に入る語句として、適切なものはどれか。
　　弾性率とは、弾性限界内において材料が受けた引張り、曲げ、圧縮などの応力を、（　）で除した値で、弾性係数ともいう。
　　イ　荷重
　　ロ　ひずみ
　　ハ　加速度
　　ニ　比強度

解答　ロ

解説

弾性率（弾性係数）はフックの法則が成り立つ弾性限度内では次式で示される。

　　弾性率（MPa）＝ 応力（MPa）÷ ひずみ

従って、適切な語句はロのひずみである。

22 プラスチックの特性に関する記述として、誤っているものはどれか。
　　イ　ポリアセタールは、摩擦摩耗性が優れている。
　　ロ　ポリカーボネートは、疲労強度が高い。
　　ハ　ポリアミドは、ガラス繊維で補強すると、荷重たわみ温度が向上する。
　　ニ　ポリフェニレンスルフィドは、耐薬品性が優れている。

解答 ロ

解説
イ．ポリアセタールは、耐油性のある、摩擦摩耗特性の優れた、弾性のある結晶性プラスチックである。
ロ．ポリカーボネートは、極めて衝撃に強い非晶性プラスチックであり、耐熱性も良く、120℃の温度に耐える特長を有している。しかし、耐アルカリ性及び耐溶剤性には欠陥があり、耐疲労性もあまりよくない。
ハ．ポリアミドをガラス繊維で補強すると、荷重たわみ温度は著しく向上する。例えば、ナイロン6は非強化の場合は70℃前後だが、200℃くらいに、また、ナイロン66では、240℃くらいに向上する。
ニ．ポリフェニレンスルフィドは、すぐれた耐熱性と耐薬品性、機械的特性をもち、難燃性のプラスチックである。
従って、プラスチックの特性に関する記述として、誤っているものは、ロのポリカーボネートは、疲労強度が高いである。

23 日本工業規格（JIS）によれば、射出成形品の機械的性質の試験に含まれないものはどれか。
　　イ　絶縁破壊強さ
　　ロ　曲げ強さ
　　ハ　圧縮強さ
　　ニ　アイゾット衝撃強さ

解答 イ

解説

日本工業規格（JIS）では、機械的性質の試験に含まれるものは、次の通りである。

　　曲げ強さ（K7171）
　　圧縮強さ（K7181）
　　アイゾット衝撃強さ（K7110）

絶縁破壊強さは一般的試験法（K6911）に含まれている。
従って機械的性質の試験法に含まれないものはイの絶縁破壊強さである。

24 日本工業規格（JIS）において、幾何公差の特性とその記号の組合せとして、誤っているものはどれか。

	【特性】	【記号】
イ	真直度	──
ロ	平面度	//
ハ	真円度	○
ニ	円筒度	⌀

解答　ロ

|解説|

JIS B 0021 に幾何公差として、下表がある。

幾何公差の種類とその記号

適用する形体	公差の種類		記号
単独形体	形状公差	真直度公差	―
		平面度公差	◻
		真円度公差	○
		円筒度公差	⌀
単独形態又は関連形体		線の輪郭度公差	⌒
		面の輪郭度公差	⌓
関連形体	姿勢公差	平行度公差	//
		直角度公差	⊥
		傾斜度公差	∠
	位置公差	位置度公差	⊕
		同軸度公差又は同心度公差	◎
		対称度公差	≡
	振れ公差	円周振れ公差	↗
		全振れ公差	↗↗

従って、本題の誤りは、"ロ"の平面度公差である。

25 騒音規制法関係法令の特定施設に指定されている射出成形機として、正しいものはどれか。

　　イ　型締力 490kN 以上
　　ロ　型締力 980kN 以上
　　ハ　型締力 2940kN 以上
　　ニ　型締力の規定はない。

|解答| ニ

|解説|

振動規制法関係法令の特定施設に指定されている射出成形機として、型締力に関する規定はない。従って、正しいのはニである。

平成30年度技能検定
2級プラスチック成形学科試験問題
（射出成形作業）

この試験問題の転載については、中央職業能力開発協会の承諾を得ています。　　　　禁無断転載

A群（真偽法）

1 熱可塑性樹脂の射出成形では、樹脂を加熱して軟化溶融させ、金型に圧入して冷却する。

解答 正

解説
熱可塑性樹脂の射出成形は加熱溶融した樹脂を金型に射出したのち、冷却して成形品を得る方法である。従って、本題は正しい。

2 一般に、PEは吸湿性が小さい。

解答 正

解説
ポリエチレン（PE）の吸水率は0.01％以下であり、吸湿性は低い特徴がある。

3 消費電力500Wの装置を200Vで使用した場合は、5Aの電流が装置に流れる。

解答 誤

解説
　　電力 ＝ 電圧 × 電流
であるから
　　電流 ＝ 電力 ÷ 電圧
　　　　 ＝ 500（W）÷ 200（V）
　　　　 ＝ 2.5A
　従って、設問の答えは誤りである。

4 品質管理の管理サイクルは、P（計画）→ D（実施）→ A（アクション）→ C（チェック）の順序で行われる。

解答 誤

解説
品質管理を行うために、次の段階がある。

1. Plan …… 諸情報をもとにして目標を決め、計画を立てる。目標を達成する方法を定めて標準化を行う。
2. Do ……… 教育、訓練を行う。仕事を実行させる。
3. Check … データを集め、管理図等を用いて結果の検討を行う。
4. Action … 異常があれば、その原因を調べて、除去し、Plan に反映させる。

従って管理サイクルはP→D→C→A→Pとなる。

5 労働安全衛生法関係法令では、作業場の明るさ（照度）について、基準は定めていない。

解答　誤

解説

労働者が常時就業する場所の作業面の照度基準として、労働安全衛生規則・事務所衛生基準通則に最低照度基準は下記のように定められている。

作業基準	基準
精密作業	300ルックス以上
普通作業	150ルックス以上
粗な作業	70ルックス以上

6 一般に、電動式射出成形機は、型開閉、突出し、射出を各々のサーボモータを使って駆動させている。

解答　正

解説

電動式射出成形機の駆動源として、AC（交流）サーボモータが使われている。型開閉、突出し、射出などはボールネジを用いて各々のサーボモータの回転運動を直進運動にして駆動させている。

7 PC材は、予備乾燥条件により、加水分解をおこし衝撃強さが損なわれることがある。

解答　正

解説

　PCは予備乾燥条件が不適であると、シリンダ中で水分によって加水分解して分子量が低下する。分子量低下すると衝撃強さが損なわれることがある。加水分解が起こらない限界吸水率は0.02％であり、そのための予備乾燥条件は120℃、3～4hrが標準である。

8 ポリプロピレン樹脂からABS樹脂への材料替えでは、途中でパージ材を使用するのが一般的である。

解答　誤

解説

　ポリプロピレンよりABS樹脂の方が溶融粘度は大きいので、ABS樹脂で直接パージするのが一般的である。従って、本題は誤りである。

9 熱可塑性プラスチックをドリル加工した場合、ドリル径に比べて小さい穴があくことに注意が必要である。

解答　正

解説

　熱可塑性プラスチック成形品をドリル加工すると、ドリル加工穴面にはせん断熱や摩擦熱が発生する。発熱によって熱膨張したのち冷却すると収縮し穴径がドリル径より小さくなる傾向がある。

10 次の測定器とその測定箇所の組合せは、いずれも正しい。

　　　　　【測定器】　　　【測定箇所】
　(1)　直尺　　　　　　長さ測定
　(2)　マイクロメータ　外側測定
　(3)　ハイトゲージ　　深さ測定

解答　誤

解説

　直尺は長さ寸法測定に用いられる。マイクロメータは外径寸法測定に用いられる。ハイトゲージは定盤の上で高さ測定に用いられる。
　従って、(3)ハイトゲージが誤っている。

203

11 カラードペレット法とは、粉末着色剤をペレットに混合して、それを直接ホッパに投入して使用する着色法をいう。

解答 誤

解説
カラードペレット（着色ペレット）は、着色剤を材料に予備混合したのち押出機で溶融・混練してペレット形状に加工した材料である。粉末着色剤をペレットに混合して、それを直接ホッパに投入して使用する着色法はドライカラー法という。

12 アニーリングの効果として、成形品の寸法が安定するといわれるが、これは寸法不良が改善されるということである。

解答 誤

解説
アニーリングによって、成形品が使用過程で寸法変化しないように安定化することはできるが、成形時に生じた寸法不良を改善する効果はない。

13 成形品を500個成形して、良品450個を得た。このときの成形不良率は10%である。

解答 正

解説
成形不良率は次式である。
　　成形不良率（%）＝（不良総数 ÷ 成形総数）× 100
　　成形総数：100個　不良総数 ＝ 500個 － 450個
　　　　　　　　　　　　　　　　＝ 50個
であるから、成形不良率は
　　（50個 ÷ 500個）× 100 ＝ 10%
従って、本題は正しい。

14 射出成形機のスクリューが射出工程中にクッション量が安定しない原因としては、逆流防止リングが破損しているか、摩耗している場合が多い。

解答 正

解説
逆流防止リングが破損している場合や摩耗している場合には射出、特に保圧工程で樹脂が逆流するためクッション量が安定しないことが多い。

15 油圧モータは、供給流量を変えれば、回転速度を変えることができる。

解答 正

解説
油圧モータは、図のように油圧ポンプから圧油を送り込んで駆動する。油圧モータの回転数は油量に比例し、回転力は油圧に比例する。従って、供給流量を変えれば、回転速度を変えることができる。

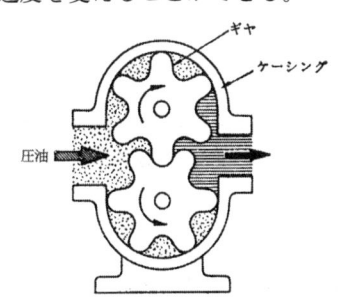

16 周波数50ヘルツの電流で、毎分1000回転する三相誘導電動機を周波数60ヘルツの電源に接続した場合は、毎分1500回転となる。ただし、スリップは考えないものとする。

解答 誤

解説
　一般に、周波数と回転数の関係式は
　　$Ns = 120 f / P$　　である。
　　（Ns：回転数、f：周波数、P：極数）
　三相なので（S・N極がそれぞれにあるため）、極数は $3 \times 2 = 6$ 極。
　　60ヘルツの回転数 $= 120 \times 60 \div 6 = 1200$

よって、50Hzのときの回転数が1,000回転のとき、60Hzで使用すると回転数は、その1.2倍、1,200回転となる。

17 保圧のプログラム制御は、成形品のひけ防止や寸法安定の向上に効果がある。

解答 正

解説
保圧を調整することで、型内での収縮を制御できる。保圧時間中の適切なタイミングで保圧をプログラム制御することによって、ひけや寸法安定性を向上させることができる。

18 成形品表面にレザー模様（皮しぼ）が必要な場合には、一般に、金型表面をエッチング処理する。

解答 正

解説
本題に提示されたように、成形品表面にレザー模様（皮しぼ）が必要な場合には、金型表面をエッチング処理（薬液によって表面を腐蝕させる）が採用されている。

19 日本工業規格（JIS）では、リターンピンの呼び寸法を1mm～10mmに規定している。

解答 誤

解説
JIS B5104（モールド用リターンピン）では、呼び寸法は12mm～40mmについて規定している。

20 金型を保管する場合は、一般に、防錆剤よりもグリースを塗布するとよい。

解答 誤

解説
グリースには水分が含まれているので、金型保管で塗布するのには適さない。

21 インサート金具としては、線膨張係数の小さい材質のほうがクラック発生防止に効果がある。

解答 誤

解説
インサート金具周りに発生する残留応力は樹脂の線膨張係数が金具より大きいために発生する。従って、線膨張係数の大きい材質を使用するほうが残留応力は小さくなるのでクラック発生防止に効果がある。

22 ABS樹脂製品間の溶剤接着には、メチルエチルケトン（MEK）などが使われる。

解答 正

解説
溶剤接着は2つの成形品の接着面を溶剤で溶解して接着する方法である。MEKはABS樹脂を溶解するので、ABS樹脂製品間の溶剤接着に使用される。

23 FRTPとは、ガラス繊維などを配合して強化した熱可塑性プラスチックをいう。

解答 正

解説
FRTPは、「Fiberglass Reinforced Thermo Plastics」の頭文字をとったものであり、ガラス繊維で強化された熱可塑性プラスチックとなる。

24 日本工業規格（JIS）によれば、製図に用いる一点鎖線及び二点鎖線の描き方は、極短線の要素で始まり、また終わるように描く。

解答 誤

解説
JIS Z8312では、一点鎖線及び二点鎖線の描き方は、長い方の線の要素で始まり、また終わるように描くことになっている。

25 家庭用品品質表示法関係法令によれば、合成樹脂加工品のバケツ、洗面器及び皿は、品質表示を行うことが義務付けられている。

解答 正

解説
　家庭用品品質表示法は、「家庭用品の品質に関する表示の適正化」を図ることによって、消費者が商品購入に際して適正な情報をえることにより、消費者の利益を保護することを目的としている。合成樹脂製品であるバケツ、洗面器、皿については、それぞれについて次の表示事項がある。
　・バケツ：原料樹脂、耐冷温度、容量、取扱い上の注意、表示者
　・洗面器：原料樹脂、取扱い上の注意、表示者
　・　皿　：原料樹脂、耐熱温度、取扱い上の注意、表示者

B群（多肢択一法）

1 成形条件とその品質に関する事項との組合せとして、適切でないものはどれか。

	【成形条件】	【品質に関する事項】
イ	材料温度	ショートショット
ロ	保圧時間	ひけ
ハ	冷却時間	ウェルドマーク
ニ	V-P切換え	オーバーパック

解答 ハ

解説

イ．材料温度が低いとショートショットになることがある。
ロ．保圧時間がゲートシール時間より短いと、樹脂がランナー側に逆流してひけが発生することがある。
ハ．ウェルドマークは射出工程で生じるので、冷却時間には関係しない。
ニ．V-P切換えタイミングが遅いと、型内に過剰な圧力が発生しオーバーパック（過充填）になる。

従って、適切でないものはハである。

2 計量に関する記述として、適切でないものはどれか。

イ　スクリューの計量は、射出体積の20～80％で使用するのがよい。
ロ　小型成形機（型締980kN（100tf）以下）では、クッション量を3～7mmぐらい取ればよい。
ハ　スクリュー背圧をかけてもかけなくても、計量密度に変わりはない。
ニ　スクリュー背圧をかける時は、0.98～2.94MPa程度がよい。

解答 ハ

解説

ハについて、溶融樹脂には体積圧縮性があるので、背圧をかけないと計量された溶融樹脂の密度は小さくなる傾向があるので誤りである。イ、ロ、ニはいずれも正しい。

3 ABS樹脂成形品の生産終了後、高密度ポリエチレンに色替えする場合、材料のロスが最も少ない方法はどれか。

　　イ　加熱筒温度を成形温度よりも高くして行う。
　　ロ　背圧を高くしてスクリュー回転で行う。
　　ハ　射出速度は速めで、計量を少なくし、スクリューの回転数を高くする。
　　ニ　計量を多くする。

[解答]　ハ

[解説]
　加熱筒温度は成形温度より10〜15℃低くして、計量を少なめ、射出速度は速めで回数を多くすると材料ロスは少なくなる。従って、正解はハである。

4 ゲート付近のフローマークの防止対策として、適切なものはどれか。

　　イ　金型温度を下げる。
　　ロ　加熱シリンダの温度を下げる。
　　ハ　射出速度を上げる。
　　ニ　流れの悪い材料に替える。

[解答]　ハ

[解説]
　下図のように、本題のフローマークは流動先端が前進一停止を繰り返すことで発生するさざ波状のフローマークである。流動性がよくない場合にゲート付近や流動末端に発生することが多い。流れの悪い材料で、金型温度を下げ、加熱シリンダ温度を下げると、このフローマークは発生しやすくなる。その場合は射出速度を速くすると解消することがある。従って、適切なのはハである。

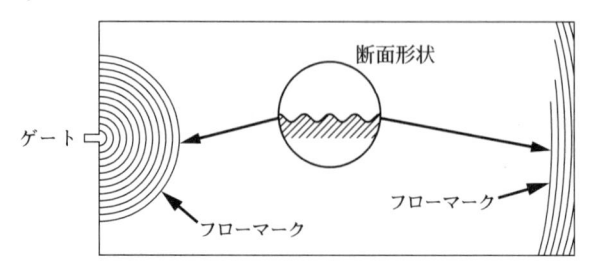

5 成形品が離型しにくくなる原因として、誤っているものはどれか。
　　イ　射出圧力が高く、射出時間が長い。
　　ロ　保圧が低く、保圧時間が短い。
　　ハ　金型の抜き勾配が少ない。
　　ニ　金型のキャビティ、コアの磨きが悪い。

【解答】　ロ

【解説】
　保圧を低く、保圧時間が短い条件では、型内圧が低くなるので、離型はしやすくなる。従って、ロは離型しにくくなる条件ではないので誤りである。

6 同じ材質の成形品を超音波溶着する場合、溶着強度が最も低いものはどれか。
　　イ　PE
　　ロ　ABS樹脂
　　ハ　PMMA
　　ニ　PC

【解答】　イ

【解説】
　ABS樹脂、PMMA、PCのように硬い樹脂は超音波溶着（伝達溶着）に適するが、PEは軟らかいので超音波振動の伝達ロスが大きいので超音波溶着には適さない。従って、正解はイである。

7 日本工業規格（JIS）による最大測定長が300mmの測定器に関する記述として、正しいものはどれか。
　　イ　外側マイクロメータの測定範囲は、275～300mmである。
　　ロ　ノギスの測定範囲は、275～300mmである。
　　ハ　デプスゲージの測定範囲は、275～300mmである。
　　ニ　ハイトゲージの測定範囲は、275～300mmである。

【解答】　イ

【解説】
　これは、各測定器の測定範囲の問題である。

測定対象物は、300mmに近いものと考える。本題の測定器で測定範囲が25mmであるのは、外側マイクロメータのみである。
　ノギス、デプスゲージ、ハイトゲージの測定範囲（最大測定長）は、いずれも0からである。
　例えば、最大測定長300mmという仕様の測定器は、0〜300までが測定範囲となる。
　したがって、本題に提示された測定範囲の問題で正しいのは、イである。

8 1個10gのポリエチレン成形品を20000個得るための仕込み量（準備する量）として、正しいものはどれか。ただし、**材料歩留り率は90％**とし、**仕込み量単位は5kg**とする。

　　イ　210kg
　　ロ　215kg
　　ハ　220kg
　　ニ　225kg

解答 ニ

解説

　製品個数　1個10gの製品　20,000個
　製品成形に使用した材料
　　$10(g) \times 20,000(個) = 200,000(g)$
　　　　　　　　　　　　　　　$= 200(kg)$

　歩留り率（％）$= \dfrac{製品の総質量}{材料の投入質量} \times 100$

　上式から、材料の投入質量（仕込み量）を求めると
　ただし、この場合の歩留り率は90％とした。

　材料の投入質量 $= \dfrac{製品の総質量}{歩留り率}$

　　　　　　　　$= \dfrac{200kg}{0.9} = 222kg$

　従って、本題に提示された仕込み量は、ニの225kgである。

9 射出成形機の仕様に関する記述として、誤っているものはどれか。
　　イ　射出率の単位は、g/secである。
　　ロ　可塑化能力の単位は、kg/hである。
　　ハ　射出圧力の単位は、MPaである。
　　ニ　型締力の単位は、kNである。

【解答】　イ

【解説】
　射出率は溶融樹脂をノズルから射出するときの時間当たりの射出容量を表すので、単位はcm³/secである。可塑化能力は使用成形機の時間当たりに成形材料を可塑化・溶融できる材料の質量であるので、単位はkgf/hである。射出圧力は圧力の単位であるので、MPaである。型締力は力の単位であるので、kNである。
　従って、誤っているのはイである。

10 加熱シリンダ及びスクリューの各部分の状態、又は、その役割の記述として、誤っているものはどれか。
　　イ　材料落下部は、材料の食い込み不良防止のため、冷却水で温度調整する。
　　ロ　供給部は、射出量を正確に制御する逆流防止弁を持つ。
　　ハ　圧縮部は、せん断発熱と外部加熱による樹脂の溶融と脱気を行う。
　　ニ　計量部は、溶融樹脂の混練と均一化を行う。

【解答】　ロ

【解説】
　イ．材料落下部は、材料の溶融粘着による食い込み不良防止のため、冷却する。
　ロ．供給部は、材料を軟化させながら圧縮部へ輸送する。
　ハ．圧縮部は、せん断熱と外部加熱による樹脂を溶融し、ガス分を脱気する。
　ニ．計量部は、溶融樹脂を混練し、均一温度に溶融する。
　逆流防止弁は計量部先端にセットされており、供給部にはつかない。従って、誤っているのはロである。

11 文中の（　）内に入る語句として、適切なものはどれか。

油圧回路に使用する圧力制御弁には、リリーフ弁、レデューシング弁、アンロード弁、（　）などがある。

　イ　アキュムレータ
　ロ　シーケンス弁
　ハ　フローコントロール弁
　ニ　ソレノイド弁

解答　ロ

解説

油圧回路に使用する圧力制御弁には、リリーフ弁、レデューシング弁（減圧弁）、アンロード弁、シーケンス弁がある。

従って、本題に提示された（　）内に入る語句として適切なものは、ロのシーケンス弁である。

12 電圧、電流及び電気抵抗の間に成り立つオームの法則の関係式として、正しいものはどれか。

　イ　電流　＝　電圧　÷　電気抵抗
　ロ　電圧　＝　電流　÷　電気抵抗
　ハ　電気抵抗　＝　電圧　×　電流
　ニ　電流　＝　電圧　×　２　×　電気抵抗

解答　イ

解説

本題に提示された電圧、電流及び電気抵抗の間に成立つオームの法則は、電流は、電圧に比例し、電気抵抗に反比例する。その関係を式で表わすと次のようになる。

$$電流 = \frac{電圧}{電気抵抗}$$

従って、本題に提示されたイの電圧、電流及び電気抵抗がオームの法則の関係式として正しい。

13 文中の（　）内に入る語句として、適切なものはどれか。

射出成形機において、加熱筒温度の管理は、最も重要であるが、近年の温度制御系統には、主に（　）制御方式が用いられ、高い精度と安定性が確保されている。

　　イ　プログラム
　　ロ　シーケンス
　　ハ　オープンループ
　　ニ　PID

解答　ニ

解説

加熱筒温度の管理は、被加熱体の温度をサーモカップル（熱電対）によって検出し、ヒーター電流を制御して、自動的に一定温度を保持するように調節する。

自動温度調節は、制御方式により、ON-OFF制御式、比例制御式、PID制御式などがあり、現在の射出成形機には、PID制御式が広く使用されている。

ON-OFF制御式は、設定温度に達すると回路を開き、温度が下がると回路を閉じる制御方式で、機構は簡単であるが温度の変動幅が大きい。比例制御式は、設定温度に近づくと、その温度差を検出して、回路の開閉を行い、設定温度に近づけてゆく機構になっているので、温度の変動幅が小さく制御される。

PID制御式は、P動作（比例動作）、I動作（積分動作）およびD動作（微分動作）の組合せたもので、内蔵したマイクロコンピュータにより、応答の速い高精度の制御ができるのが特徴である。

従って、本題に提示された温度制御系統にはニのPID制御方式が用いられる。

14 文中の（ ）内に入る語句として、適切なものはどれか。

乾燥機は、成形する前に吸湿した材料の水分を取り除くために用いるが、一般に、ABS樹脂などの汎用プラスチックに使用されているものは（　　）式である。

　　イ　熱風循環
　　ロ　赤外線
　　ハ　真空
　　ニ　除湿

解答　イ

解説

　成形材料の予備乾燥は、吸湿や吸着水分による成形時の外観不良の発生や樹脂の変質（加水分解など）による特性の低下などを防止し、また材料の予熱効果も加わり、能率がよく安定した成形性を与えるために実施される。
　本題に提示された乾燥機の中で最も多く使用されているのは、イの熱風循環式のものである。

15 成形材料の混練に使用される装置として、誤っているものはどれか。

　　イ　ニーダー
　　ロ　ミキサー
　　ハ　ブレンダー
　　ニ　ホッパーマグネット

解答　ニ

解説

　ニーダーは混練装置である。ミキサーおよびブレンダーは混練するに先立って混合する装置である。ホッパーマグネットは、材料中に混じっている金属異物を検出、除去する装置であり、混練には関係ない。
　従って、本題の材料混練に使用されない装置は、ニのホッパーマグネットである。

16 パーティングライン (PL) に関する記述として、誤っているものはどれか。
　　イ　エアベントを設けてはならない。
　　ロ　形状は、シンプルで直線状が望ましい。
　　ハ　外観上できるだけ目立たない位置に設ける。
　　ニ　段差は少ないほうがよい。

解答　イ

解説

　イのエアベントはパーティングラインに設けるのが一般的である。ロ、ハ、ニは正しい。従って、誤っているのはイである。

17 射出成形の型開閉や離型時に自動的に切断される流動機構として、誤っているものはどれか。
　　イ　ピンポイントゲート
　　ロ　ファンゲート
　　ハ　サブマリンゲート
　　ニ　ホットランナー

解答　ロ

解説

　イ．ピンポイントゲートは、3枚構成金型で、成形品の離型時にゲートが自動的に切断される。
　ロ．ファンゲートは、扇形をしたゲートで、仕上げは絶対必要である。
　ハ．サブマリンゲートは、ランナーの末端から金型分割面をくぐって長い円錐状の通路を設け、その突端部にゲートを設けたもので、トンネルゲートともよばれている。製品突出し時に、ゲートが自動切断される。
　ニ．ホットランナーには、注入口はあるがゲートは存在しない。ランナーからの直接注入である。

　従って、型開閉や離型時に自動的に切断されるゲートとして、誤っているのは、ロのファンゲートである。

18 日本工業規格（JIS）のモールド用及びプラスチック用金型に関する記述として、誤っているものはどれか。

　　イ　モールド用平板部品の材料及び硬さは、規定されていない。
　　ロ　モールド用エジェクタピンには、プラスチック型、ダイカスト型などがある。
　　ハ　プラスチック用金型のロケートリングは、A形及びB形の2種類に区分されている。
　　ニ　モールド用ガイドピンの硬さは、55HRC以上と規定されている。

【解答】　ハ

【解説】
　イ、ロ、ニは設問のとおりでいずれも正しい。
　ハのプラスチック用金型のロケートリングはA型及びB型の2種類が規定されているとあるが、JIS　B5111-2000『プラスチック用金型のロケートリング』では、ロケートリングの種類及び記号は次表のように区分する。

種　類	記　号
A形	A
B形	B
AJ形	AJ
BJ形	BJ

　従って、本題において誤っているものは、ハのプラスチック用金型のロケートリングはA型及びB型の2種類が規定されているである。

19 金型の取扱いに関する記述として、誤っているものはどれか。
　　イ　キャビテイのしぼ加工面に付着した樹脂かすやさびなどは、ペーパー磨きなどの処理をすることは適切でない。
　　ロ　金型を保管する場合、キャビティとコアは閉じておく。
　　ハ　金型を保管する場合、冷却水孔の水分をエアパージした後、乾燥した冷暗所に保管する。
　　ニ　レンズなど透明な成形品のキャビティに付着しているゴミは、ウエスやティッシュなどでふき取る。

【解答】　ニ

【解説】
金型の取扱いに関する記述として、
　イ．キャビテイのしぼ加工面の精度は成形品の外観に関係するばかりでなく、成形品の離型性との関連が深いので、安易にペーパー磨きなどの処理をすることは適切ではない。
　ロ．金型を保管する場合、金型のキャビティやコア面にきずを付けることがないようにキャビティとコアは閉じておく。
　ハ．金型を保管する場合、冷却水孔の水分をエアパージした後、乾燥した冷暗所に保管する。
　ニ．レンズなどのような透明な成形品のキャビティに付着したゴミは、次の成形品の表面や特性に影響を及ぼすことがあるので除去するが、本題に提示されたように、ウエスやティッシュなどでなく、傷つく恐れのない清潔な柔らかい綿や布で注意して拭く。または溶剤にてブローする。

従って、本題に提示された金型の取扱いについて誤っているものはニである。

20 プラスチック材料とその特性の組合せとして、正しいものはどれか。

　　【プラスチック材料】　　　【特性】
　　イ　ポリアセタール　　　耐衝撃性が劣っている。
　　ロ　ポリスチレン　　　　耐衝撃性が優れている。
　　ハ　ポリエチレン　　　　耐寒性が優れている。
　　ニ　ポリプロピレン　　　ヒンジ性が劣っている。

【解答】ハ

【解説】
　イ．ポリアセタールは応力集中しやすく耐衝撃性はあまり良くない。
　ロ．ポリスチレンの耐衝撃性は良くない。
　ハ．ポリエチレンは耐寒性が優れている。
　ニ．ポリプロピンはヒンジ特性が優れている。
　従って、正しいのはハである。

21 文中の（　　）内に入る語句として、適切なものはどれか。

　　プラスチックは燃焼するときの状態から、その種類を判別できるが、黒煙を多く出して燃えるのは、（　　）である。

　　イ　ポリプロピレン
　　ロ　ポリエチレン
　　ハ　メタクリル樹脂
　　ニ　ABS 樹脂

【解答】ニ

【解説】
　ポリプロピレン、ポリエチレン、メタクリル樹脂などは白煙を発生して燃える。一方、分子骨格にベンゼン環を有する ABS 樹脂は黒煙を発生して燃える特徴がある。従って、適切なものは ABS 樹脂である。

22 文中の（　）内に入る語句として、適切なものはどれか。

異方性とは、射出工程中、プラスチックの分子がその流れ方向に配向し、成形収縮率や（　　）が流れ方向と直角方向で異なることをいう。

　イ　分子量
　ロ　表面硬度
　ハ　衝撃強さ
　ニ　耐熱性

【解答】ハ

【解説】
　射出工程で分子配向すると、成形収縮率や衝撃強さは流れ方向と直角方向では異なる。この現象を異方性という。

23 日本工業規格（JIS）の略号及びその材料名の組合せとして、誤っているものはどれか。

　　　【略号】　　　【材料名】
　イ　PBT　　　ポリブチレンテレフタレート
　ロ　POM　　　ポリアセタール
　ハ　PPE　　　ポリフェニレンスルフィド
　ニ　PET　　　ポリエチレンテレフタレート

【解答】ハ

【解説】
　イ．PBT　　ポリブチレンテレフタレート
　ロ．POM　　ポリアセタール
　ハ．PPE　　ポリフェニレンエーテル
　ニ．PET　　ポリエチレンテレフタレート
従って、誤っているのはハである。

24 日本工業規格（JIS）の製図における寸法記入方法で規定する寸法補助記号に関する記述として、誤っているものはどれか。

　　イ　Sφは、球の直径を表す。
　　ロ　Cは、30°の面取りを表す。
　　ハ　Rは、半径を表す。
　　ニ　□は、正方形の辺を表す。

解答　ロ

解説

　JIS Z8317では寸法補助記号について、下表のように規定されている。従って、ロが誤りである。

区　分	記　号	呼び方	用　　法
直径	φ	まる	直径の寸法の、寸法数値の前につける。
半径	R	あーる	半径の寸法の、寸法数値の前につける。
球の直径	Sφ	えすまる	球の直径の寸法の、寸法数値の前につける。
球の半径	SR	えすあーる	球の半径の寸法の、寸法数値の前につける。
正方形の辺	□	かく	正方形の一辺の寸法の、寸法数値の前につける。
板の厚さ	t	てぃー	板の厚さの寸法数値の前につける。
円弧の長さ	⌒	えんこ	円弧の長さの寸法の、寸法数値の上につける。
45°の面取り	C	しー	45°面取りの寸法の、寸法数値の前につける。
参考寸法	( )	かっこ	参考寸法の、寸法数値（寸法補助記号を含む。）を囲む。
理論的に正確な寸法	□	わく	理論的に正確な寸法の寸法数値を囲む。

25 家庭用品品質表示法関係法令の合成樹脂加工品で、「食事用、食卓用又は台所用の器具」への表示事項として、誤っているものはどれか。
　　イ　原料樹脂の種類
　　ロ　表面加工の種類
　　ハ　耐熱温度
　　ニ　取扱い上の注意

解答　ロ

解説
　家庭用品品質表示事項は次の通りである。
　イ．原料樹脂
　ロ．耐熱温度
　ハ．耐冷温度
　ニ．容量
　ホ．寸法
　ヘ．枚数
　ト．取扱上の注意
　チ．表示者
従って、本題提示のロ、表面加工の種類は表示事項となっていない。

昭和46年4月5日　初　版発行
令和元年5月31日　第23版発行

編　纂　全日本プラスチック製品工業連合会
解　説　本　間　精　一

―― プラスチック成形技能検定 ――
公開試験問題の解説　射出成形1・2級（第23版）
－平成27・28・29・30年度出題全問題とその解答および解説－

定価：本体3,619円（税別）

発　行　株式会社 三 光 出 版 社

〒223-0064　横浜市港北区下田町4-1-8-102
電　話　045-564-1511　FAX　045-564-1520
郵便振替口座　00190-6-163503
http://www.bekkoame.ne.jp/ha/sanko
E-mail：sanko@ha.bekkoame.ne.jp

印刷　株式会社 信英堂　　製本　有限会社 若葉製本所